"博雅大学堂·设计学专业规划教材"编委会

主　任

潘云鹤　（中国工程院原常务副院长，国务院学位委员会委员，中国工程院院士）

委　员

潘云鹤

谭　平　（中国艺术研究院副院长、教授、博士生导师，教育部设计学类专业教学指导委员会主任）

许　平　（中央美术学院教授、博士生导师，国务院学位委员会设计学学科评议组召集人）

潘鲁生　（山东工艺美术学院院长、教授、博士生导师，教育部设计学类专业教学指导委员会副主任）

宁　刚　（景德镇陶瓷大学校长、教授、博士生导师，国务院学位委员会设计学学科评议组成员）

何晓佑　（原南京艺术学院副院长、教授、博士生导师，教育部设计学类专业教学指导委员会副主任）

何人可　（湖南大学教授、博士生导师，教育部设计学类专业教学指导委员会副主任）

何　洁　（清华大学教授、博士生导师，教育部设计学类专业教学指导委员会副主任）

凌继尧　（东南大学教授、博士生导师，国务院学位委员会艺术学学科第5、6届评议组成员）

辛向阳　（原江南大学设计学院院长、教授、博士生导师）

潘长学　（武汉理工大学艺术与设计学院院长、教授、博士生导师）

执行主编

凌继尧

主　编　李蔚青　李慧丰
副主编　毕世波　曹　幸　邹　喆　王春娟
编　委　沙　沛　孙继忠　林跃勤　施宏伟
　　　　李思颖　杨雅茜　朱　墨　张奇勇
　　　　叶岸珺　魏　超　郭晓华　李可润

设 计 学 专 业 规 划 教 材　　环 境 艺 术 设 计 系 列

环境效果图表现技法

Presentation Techniques for Environmental Design

北京大学出版社
PEKING UNIVERSITY PRESS

图书在版编目（CIP）数据

环境效果图表现技法 / 李蔚青，李慧丰主编. —北京：北京大学出版社，
2018.9

（博雅大学堂·设计学专业规划教材）

ISBN 978-7-301-29847-3

Ⅰ.①环…　Ⅱ.①李…②李…　Ⅲ.①环境设计 – 建筑制图 – 高等学校 – 教材
Ⅳ.①TU204

中国版本图书馆 CIP 数据核字（2018）第 201017 号

书　　　名	环境效果图表现技法
	HUANJING XIAOGUO TU BIAOXIAN JIFA
著作责任者	李蔚青　李慧丰　主编
责 任 编 辑	艾　英　路　倩
标 准 书 号	ISBN 978-7-301-29847-3
出 版 发 行	北京大学出版社
地　　　址	北京市海淀区成府路 205 号　100871
网　　　址	http://www.pup.cn　　新浪微博：@ 北京大学出版社
电 子 信 箱	pkuwsz@126.com
电　　　话	邮购部 010-62752015　发行部 010-62750672　编辑部 010-62755910
印 刷 者	北京中科印刷有限公司
经 销 者	新华书店
	710 毫米 ×1000 毫米　16 开本　13.25 印张　215 千字
	2018 年 9 月第 1 版　2018 年 9 月第 1 次印刷
定　　　价	78.00 元

C目录
Contents

丛书序
Preface

北京大学出版社在多年出版本科设计专业教材的基础上，决定编辑、出版"博雅大学堂·设计学专业规划教材"。这套丛书涵括设计基础 / 共同课、视觉传达设计、环境艺术设计、工业设计 / 产品设计、动漫设计 / 多媒体设计等子系列，目前列入出版计划的教材有 70 — 80 种。这是我国各家出版社中，迄今为止数量最多、品种最全的本科设计专业系列教材。经过深入的调查研究，北京大学出版社列出书目，委托我物色作者。

北京大学出版社的这项计划得到我国高等院校设计专业的领导和教师们的热烈响应，已有几十所高校参与这套教材的编写。其中，985 大学 16 所：清华大学、浙江大学、上海交通大学、北京理工大学、北京师范大学、东南大学、中南大学、同济大学、山东大学、重庆大学、天津大学、中山大学、厦门大学、四川大学、华东师范大学、东北大学；此外，211 大学有 7 所：南京理工大学、江南大学、上海大学、武汉理工大学、华南师范大学、暨南大学、湖南师范大学；艺术院校 16 所：南京艺术学院、山东艺术学院、广西艺术学院、云南艺术学院、吉林艺术学院、中央美术学院、中国美术学院、天津美术学院、西安美术学院、广州美术学院、鲁迅美术学院、湖北美术学院、四川美术学院、北京电影学院、山东工艺美术学院、景德镇陶瓷学院。在组稿的过程中，我得到一些艺术院校领导，如山东工艺美术学院院长潘鲁生、景德镇陶瓷学院副院长宁刚等的大力支持。

这套丛书的作者中，既有我国学养丰厚的老一辈专家，如我国工业设计的开拓者和引领者柳冠中，我国设计美学的权威理论家徐恒醇，他们两人早年都曾在德国访学；又有声誉日隆的新秀，如北京电影学院的葛竞，她是一位年轻有为的女性学者。很多艺术院校的领导承担了丛书的写作任务，他们中有天津美术学院副院长郭振山、中央美术学院城市设计学院院长王中、北京理工大学软件学院院长丁刚毅、西安美术学院院长助理吴昊、山东工艺美术学院数字传媒学院院长顾群业、南京艺术学院工业设计学院院长李亦文、南京工业大学艺术设计学院院长赵慧宁、湖南工业大学包装设计艺术学院院长汪田明、昆明理工大学艺术设计学院院长许佳等。

除此之外，还有一些著名的博士生导师参与了这套丛书的写作，他们中有上海交通大学的周武忠、清华大学的周浩明、北京师范大学的肖永亮、同济大学的范圣玺、华东师范大学的顾平、上海大学的邹其昌、江西师范大学的卢世主等。作者们按照北京大学出版社制定的统一要求和体例进行写作，实力雄厚的作者队伍保障了这套丛书的学术质量。

2015 年 11 月 10 日，习近平总书记在中央财经领导小组第十一次会议首提"着力加强供给侧结构性改革"。2016 年 1 月 29 日，习近平总书记在中央政治局第三十次集体学习时将这项改革形容为"十三五"时期的一个发展战略重点，是"衣领子""牛鼻子"。根据我们的理解，供给侧结构性改革的内容之一，就是使产品更好地满足消费者的需求，在这方面，供给侧结构性改革与设计存在着高度的契合和关联。在供给侧结构性改革的视域下，在大众创业、万众创新的背景中，设计活动和设计教育大有可为。

祝愿这套丛书能够受到读者的欢迎，期待广大读者对这套丛书提出宝贵的意见。

凌继尧

2016 年 2 月

本教材从技能到手法再到观念，围绕表现方式与训练方法进行不同层次的、循序渐进的讲解，除强调基础性表现技巧、视觉表现语言外，兼辅以科学性、逻辑性的学习方法，力争做到深入浅出地展开有步骤、有章法的训练，而不局限于刻板的理论及技能讲解，并将绘画表现及个性表现列为教学的重点。本教材一方面能开拓学习者的视野，加深其对效果图概念的理解；另一方面，可以使读者对手绘这一表达方式的特点和优势有更清晰的认识。对艺术生而言，手绘的表达方式更能发挥出其拥有的造型艺术上的优势。

本书的写作以实用性、可操作性为中心思想，图例选编以与课堂教学相关的具体内容为主轴，并对效果图在不同空间、不同时间下有可能产生的功能变化做了全方位和前瞻性的探讨。

本书收纳了部分资深从业者的实践案例，以期学习者能通过了解效果图的过去及现在审视其表现技法在未来可能发生的变化，洞悉本行业有可能产生的变革，继而达到活学活用的教学目的。在教师进行课堂理论教授，并结合技法、章法、透视与相关的美学法则进行具体绘图讲解时，初学者的优秀之处和短板，均应呈现在教与学的过程中，以帮助学习者做到"优则取之，劣则蔽之"。

本书可作为高等院校环境艺术设计和建筑室内设计等相关专业的教材，也可供建筑、装饰等相关行业的设计师及爱好者参考和使用。

环境效果图表现技法概述

第一节　基本技法介绍

一、手绘表现技法的概念

设计是一种创造、构思和思考的过程，并且能通过不断完善和改进此过程来实现为人类需求服务的目的。设计也可理解为一个从无到有、不断思考和创新的过程，其核心在于创造，在于创新。

人类的创造源于思考，源于对完美生活品质的追求。人们通过"设计"这一创造和创新的过程来不断地改善生活环境，提高生活质量。随着人们对生活用具、生产工具、生活环境及科学技术等方面不断提出新的要求，以及人类创造力的发展和科技的不断进步，艺术设计概念的内涵和外延不断地丰富和发展。设计在提高生活质量和改造自然环境等方面起着越来越重要的作用。

近十年，随着计算机技术及软件的成熟和普及，出现了一批计算机绘图技术人员。这使得许多人误认为会使用电脑绘制效果图，就等于能从事艺术设计这一创造性的工作。其实，就某种意义而言，电脑绘制仅是对设计工作进行量化性的再归纳或再梳理的阶段性劳动，其创作的成分非常有限。设计师个人的艺术修养、空间设计及手绘表达的水平在计算机绘制效果图日益普及的今天愈显重要。一方面，手绘能够更直接、更迅速、更及时地实现客户同设计师的沟通；另一方面，设计亦是任何机器都无法取代的创造性劳动。它通过设计师之手，使理念与形式直接对话，并随时随地准确地捕捉和表达设计师的想法，然后用可视性的语言表达出来。手绘贯穿于方案设计的整个过程之中，而这个过程在设计从图纸到施工完成这一更大的整体活动中，是首要的环节。

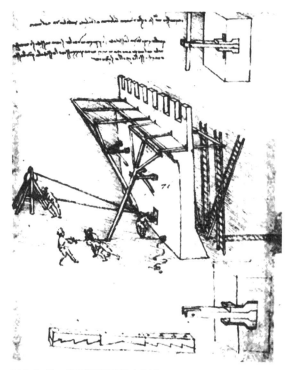

图 1-1 达·芬奇的手绘建筑方案图

图 1-2 建筑大师路易斯·卡恩（Louis Kahn）的手绘建筑方案图

设计是一个需要思考、规划、预先制定方案的脑力劳动过程。将思考付诸实施是需要一个系统性的思维过程的，特别是在脑力劳动与生产实践的分工越来越细化、设计已成为一种专门的劳动职业的今天，设计师的脑力思维及手绘技巧表达能力最直接地体现着其设计水平。人类经过漫长的艺术实践，总结出了一整套思维表达的方法，如经过专门训练才可掌握的专业制图法，基于美术绘图手段的专业表现技法，模拟实物的三维模型制作方法以及摄影、计算机辅助设计方法等，它们有着各自不同且不可相互替代的表现形式和特点。然而，若想成为一名优秀的设计师，首先需要具备手绘这一最基本的图形语言表达能力，它是衡量设计师综合素质的重要指标。在计算机时代之前，艺术或设计大师们往往通过手绘效果图来表现艺术创作或设计的初步意图，因此，卓越的手绘效果图也是不可或缺的艺术史研究资料（图 1-1、图 1-2）。

二、手绘表现技法的发展变迁

20 世纪 70 年代末至 90 年代，伴随着国家大规模建设项目的动工，设计表现技法得到了空前的发展和提高。特别是自 80 年代起，一大批从事环境艺术工作的设计师活跃在室内和室外空间设计的舞台上，其中不乏一些能够融合各种不同艺术门类和风格的设计师，他们创作了大量的优秀作品（图 1-3—图 1-6）。

在 21 世纪的今天，手绘效果图依然以它独有的生命力受到业内外人士的广泛重视和认可。虽然计算机辅助绘图已极为普遍，但手绘仍然是衡量设计师能力和水平的重要标杆，至今尚无他者能替代。手绘效果图技法应用于艺术设计的各个领域，同时其自身也在不断地发展和完善，总体看来包括以下两个方面：

图 1-3　比利时建筑师 Gerard Michael 的手绘图

图 1-4　写生记录性手绘图　李蔚青绘

图 1-5　大型商场环境设计图　施宏伟绘

图 1-6　某景区环境艺术设计图　李蔚青绘

图 1-7 水彩画法的效果图 孙继忠绘

图 1-8 水粉画法的效果图 施宏伟绘

图 1-9 喷绘画法的效果图 李蔚青绘

1. 绘画材料方面的变化

手绘材料经历了由水彩到水粉、透明水色、喷笔、马克笔等的变化过程。绘画材料的不断更替也使得画面效果经历了由"厚"到"薄"的变化过程（图 1-7—图 1-9）。

2. 绘画速度方面的变化

绘画速度经历了从"慢"到"快"的变化过程，这其实是水彩、水粉技法与绘画材料的变化所致。水彩画明快通透、层次丰富，因而受到专业院校及设计单位的重视，但其所需时间较长、不易修改，且对绘画技巧的要求相对较高。水粉画画面虽然有着厚重、可重复叠盖和涂改等优点，但渲染的过程需消耗大量的时间，需创作者具备较高的表现技巧。这些技法的使用者需要经过"长期作业"式的训练，才能将设计表现得更深入或使绘画产生更丰富的表现力。但是，艺术设计不同于美术创作，它往往具有较强的时限性，即一个工程、一项设计经常被要求在较短的时间内完成，且需产生较多高质量的可行性效果图（图 1-10）。

中央工艺美术学院（清华大学美术学院前身）的何镇强先生等一批设计前辈，在20世纪70年代就创造性地将照相色（一种用于黑白照片着色或修复的液体颜料）应用于效果图的绘制，由此创造出了一种新的设计表现形式，即适应这个快节奏、高效时代的，可同时对多种方案进行比较、研究，分析其各种可能性及可行

图 1-10　比较研究各种可能性及可行方案的快速效果图表现　林跃勤绘

性的快速效果图表现方法。这是马克笔出现之前，设计领域中重要的效果图绘制方法之一，也是效果图绘制向马克笔画法转变过程中一种良好的过渡性技法。时至今日，利用照相色及透明水色进行效果图绘制的方法依然与马克笔绘图方式并行存在（图 1-11、图 1-12）。

图 1-11　用照相色、透明水色与马克笔或彩铅混合绘制的效果图　林跃勤绘

图 1-12　手绘效果图　吴培兰绘

图 1-13 草图——修改——再修改，不断完善空间功能的效果图绘制 吴培兰绘

三、手绘表现技巧及其特点

手绘是设计师表达设计思路的一种重要手段，手绘图是表现设计创意或方案的最直接的视觉语言。在绘制草图并反复修改的过程中，设计思维得以深入发展，设计师的创意灵感被不断激发。草图阶段的手绘具有随意、快速的特点，是设计师设计理念的综合体现。手绘，无论从设计的角度还是从画面效果表现的角度来看，都要尽量做到概括性和统一性相协调。无论效果图的绘制使用什么技法，都要遵循真实性、科学性与艺术性三者相结合的原则（图 1-13）。

1. 效果图表现的客观性与真实性

手绘是将设计内容通过效果图绘制的方式明确地传达给对方，其绘画讲求客观真实性，不能随意扩大、缩小、更改或扭曲所要表现的环境空间。换言之，绘制的效果图应是未来工程竣工后真实的空间形式或布局

图 1-16 符合比例和透视关系的立面设计效果图 林跃勤绘

的"预览",这也是设计与纯艺术创作的不同之处。客观性与真实性是效果图存在的基础,也是效果图的生命力之所在,离开客观真实性、脱离设计表现场景的诉求,效果图就失去了意义和价值。同时,客观性还包括所描绘场所的客观性,即无论是室内还是室外,都有它特定的场景,不能随意更改或变换。设计师不能为了追求画面效果而脱离真实的尺寸,或随心所欲地改变空间的尺度,背离客观的设计内容。真实性还要求透视图的绘制遵循一定的环境空间尺度并符合比例关系,进而以同样的标准进行光线与色彩的绘制,以及人物、绿化等内容的空间组合的绘制。以此方法和过程绘制的效果图,才能真正客观地反映出工程完工后的效果(图1-14—图1-16)。

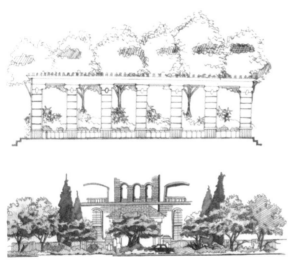

图1-14 符合比例关系的立面效果图 谢小华绘(上图)、汪峥绘(下图)

图1-15 符合比例和透视关系的建筑效果图 杨雅茜绘

2. 效果图表现的科学性与艺术性

一张完美的效果图是建立在科学基础之上的，其科学性体现在对所表现环境空间的准确再现上，需要掌握和应用透视学、色彩学、环境学等方面的基础知识，真实地表达出设计的意图，准确地把握设计对象的空间性格与尺度。与此同时，效果图具有一定的艺术性，是建立在遵循客观现实与客观规律的前提下的美的再创造。在营造环境空间时，为了追求美的感受，需要运用美学原理、艺术表现规律来指导设计效果图的表现。

当表现技法涉及绘画艺术的语言时，通常是不能脱离造型艺术的基本规律的。在效果图绘制中，掌握好诸如构图、取点、色调和空间气氛表现、光感和质感的表现，以及适度的夸张、概括与取舍等技法，无疑对最终效果图的真实性及艺术感染力会起到至关重要的作用。另外，表现内容不同的效果图应采用不同的透视视角和相应的艺术语言。

总之，效果图是科学与艺术完美结合的产物，设计师需灵活运用。

第二节　常用工具与材料

古人云："工欲善其事，必先利其器。"手绘效果图的表现效果如何，绘图工具和材料的选择与运用起着至关重要的作用。若想完成高质量的图纸，需要熟悉不同的工具和材料并能自如地运用其进行表达，赋予不同的内容以不同的表现效果。效果图的绘制工具十分丰富，其表达出的效果也截然不同。不同的工具和材料有着不同的性能，所以相应的表现技法也各不相同。传统的手绘工具主要以水粉、水彩笔及与其对应的表现媒材为主，再辅以直线笔、勾线笔、刀具、胶带纸、胶水、电吹风、模板等（图1-17）。

图 1-17　常用绘图工具　毕世波摄

一、笔类工具

笔，包括铅笔（包括炭笔、彩色铅笔）、钢笔（包括签字笔、针管笔）、水彩笔、水粉笔、油色笔、马克笔、毛笔等不同的种类。

1. 铅笔

铅笔是手绘线条的常用工具，它不仅可以画出从粗至细、由深至浅的单色线条，还可以清晰地表达出明暗与肌理的层次感。铅笔有着允许不断擦拭、修改的使用特点，是初学者容易掌握的入门工具（图 1-18）。

铅笔有各种型号，依软硬程度可分为 H 和 B 两类：H 系列为硬铅笔（H—6H），H 前的数字越大，笔头的铅越硬，划出的线条颜色越浅；B 系列为软铅笔

图 1-18　常见的铅笔及彩色铅笔　毕世波摄

（B—6B），B 前的数字越大，笔头的铅越软，划出的线条颜色越深；HB 则为软硬适中的铅笔。手绘效果图通常使用 2H—HB 硬度的铅笔起稿，便于擦改。炭笔因黑色浓重，宜作素描稿；彩色铅笔的颜色丰富，但存在笔芯易断且不便擦拭修改的问题，但若能熟练掌握，也不失为效果图绘制的优秀帮手（图 1-19—图 1-22）。

图 1-19　彩色铅笔结合钢笔绘制的效果图　汪峥绘（左图）、黄梦茹绘（右图）

图 1-20　彩色铅笔结合钢笔绘制的效果图　林跃勤绘

图 1-21　彩色铅笔结合钢笔绘制的效果图　洪钰涵绘（左图）、林志锋绘（右图）

图 1-22　彩色铅笔结合图像处理技术绘制的效果图　黄智绘（左图）、苏梦雨绘（右图）

2. 钢笔

钢笔也是手绘线条的常用工具，签字笔、针管笔以及各种美工笔均包含在钢笔类工具之中。

依据墨水配置方式，大致可将钢笔分为一次型、换芯型、灌水型三类；依笔尖粗细可分为粗细适中、超细、超粗及粗细可变等几种。其中，蘸水钢笔的特点是墨水能随时、随性、随浓、随淡地注入笔中，其笔尖亦能呈现出多种变化，宜书宜画、方便快捷，是设计师速写、勾勒草图的常用工具（图 1-23—图 1-25）。

图 1-23 钢笔表现效果图 杨雅茜绘（左图、中图）朱墨绘（右图）

郭怡歆绘　　　　　　闫恒伟绘　　　　　　郭馨瑶绘

曾梦娇绘　　　　　　林诗琛绘　　　　　　陈峻挺绘

图 1-24 钢笔表现的效果图之一

郭昌绘　　　　　姚嘉俊绘　　　　　张珍珍绘　　　　　邱鑫辉绘

柳林绘　　　　　庄静绘　　　　　邹喆绘

图 1-25　钢笔表现的效果图之二

3. 水彩笔、水粉笔、油画笔

水彩笔、水粉笔和油画笔的形状近似，但适用的画种、绘画媒介不同，有着不同的软硬及吸水（油）度。水彩笔以羊毛为主，柔软、蓄水量大；国画中使用的大白云笔，因笔头圆浑柔软、蓄水量大，也常被用于水彩画、透明水色等的绘制中；油画笔的笔毛多用较硬的猪鬃、狼毫制成，富于弹性，但蓄水量较少；水粉笔的笔毛因采用羊、狼毫掺半制成，有着柔中带刚的特性（图 1-26—图 1-31）。

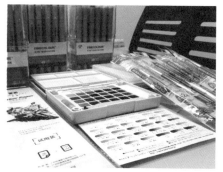

图 1-26　各种水性笔表现工具　毕世波摄　▶

图 1-27　水性笔绘制的效果图　汪峥绘

图 1-28　水性笔绘制的效果图　林跃勤绘（左图）、郑闽鹏绘（右图）

图 1-29　水性笔绘制的效果图　李志远绘（上左图）、邓灏璇绘（上右图）、杨皓天绘（下图）

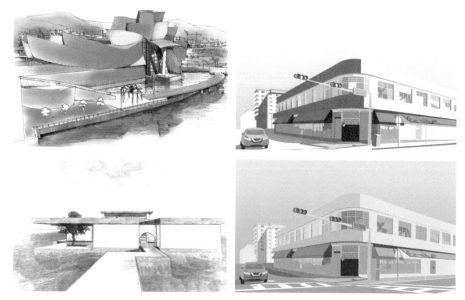

图 1-30　综合运用各种媒材工具和表现技法绘制的具有不同艺术特点的效果图　徐佩业绘（左图）、吕晓艺绘（右图）

图 1-31 综合运用各种媒材工具和表现技法绘制的具有不同艺术特点的效果图　李蔚青绘（左上图）、胡颖绘（右上图）、陈菲绘（左下图）、管羽绘（右下图）

4. 马克笔

马克笔分为油性、水性两类，色彩绚丽、品种丰富且使用流畅，在效果图绘制方面拥有其优越性。马克笔与钢笔结合使用，可强化画面效果，并有助于表现出材料的质感美。马克笔的色彩系列化、标准化，其数量多达百余种（图 1-32）。油性马克笔有易挥发、不易涂改等特点，在使用时绘图要快速、准

图 1-32 不同型制的马克笔　毕世波摄

确，用后须将笔帽套紧，且不宜久存，涂改时须使用甲苯液；水性马克笔则更适宜进行设计效果图的表现。水性马克笔不如油性马克笔色彩稳定，这是两者最大的差别。绘图时，可用专业马克笔纸，也可选用其他表面较为光滑的纸，如复印纸。由

于马克笔色彩丰富，建议多选购中性颜色，再搭配一些用于色彩过渡处理的由浅到深的灰色系颜色。马克笔不同于水粉、水彩颜色，不可轻易地修改或调和使用，其色彩相对比较固定。因此，在使用马克笔时要提前计划用笔和用色，落笔时动作要干净、准确（图1-33—图1-35）。马克笔是目前被广泛使用的效果图绘制工具，其具体技法和步骤将在第四章第二节中做进一步的阐述。

图1-33　马克笔与钢笔结合绘制的效果图　汪峥绘（上图）、毕世波绘（下左图）、朱墨绘（下右图）

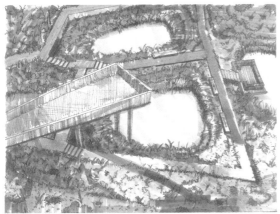

图 1-34　马克笔绘制的各种表现风格的效果图　柯凌悦绘（上图）、吴儇绘（中图）、周小平绘（下图）

图 1-35　马克笔绘制的各种表现风格的效果图　陈家艺绘（上图）、王立敏绘（中图）、黄秀惠绘（下图）

5. 其他常用笔类工具

描线用笔（勾线笔）常见的有衣纹笔、叶筋笔等，原常用于中国画绘制，现也在效果图绘制时用于勾勒线条或细部上色。

粉彩棒、色粉笔为粉状固体物，是较一般粉笔更为细腻的绘画专用笔。这些笔类工具颜色丰富，但大多偏浅、偏灰，需要与粗质纸结合使用才会易挂色而不脱落。此类工具宜薄施粉色，厚涂易落，画完须用固定液喷罩画面，以便保存。这类笔适用于快速表现或为已完成的效果图提高光、处理过渡等，单独用于效果图绘制的情形较少。

此外，其他诸如排刷、板刷、底纹笔等笔类工具，原用于装裱，如今在效果图的绘制过程中常作为打底和大面积上色的工具（图 1-36、图 1-37）。

图 1-36　综合运用多种笔类工具绘制的效果图　韩香会绘（左上图）、李蔚青绘（左下图）、王立敏绘（右图）

图 1-37　综合运用多种笔类工具绘制的效果图　王志远绘（左图）、邓波儿绘（中图）、吴碧青绘（右图）

二、纸类材料

纸张应根据设计效果图的表现技法和画面效果需求来确定，绘图时必须熟悉各种纸的性能。纸张类型主要有复印纸、绘图纸、描图纸、拷贝纸、马克笔纸、水彩纸、水粉纸、书写纸、素描纸、铜版纸、白卡纸、黑卡纸、色卡纸、熟皮纸、新闻纸等。纸张的装订形式通常有单张、卷轴、本册等，本册以速写本的装订形式最为常见。

复印纸常用于手绘线条的表现。复印纸光滑、吸墨程度适中，各种笔都可在其上表现流畅的线条。并且，它裁剪整齐、厚薄均匀，便于大量携带和使用。

素描纸质地较好，其表面略粗，耐擦、吸水性强，宜作较深入刻画，适合素描、粉彩画、炭铅画、炭条画等的表现（图 1-38）。

绘图纸纸质较厚，结实耐擦，表面较光滑且吸水性适中。除宜作工业制图使用外，绘图纸还能用于效果图的绘制，并且适宜水粉、透明水色、铅笔淡彩、钢笔淡彩及马克笔、彩铅笔、喷笔等多种工具的表现。

描图纸、拷贝纸的特点是呈半透明状，经常用于马克笔效果图的绘制，与其相关的表现技法在效果图绘制中应用得十分广泛。此外，通过某些转印方法还可

图 1-38　在素描纸上综合运用不同工具绘制的效果图　张韵奇绘（左图）、胡颖绘（右图）

将拷贝纸上的图形转印至正式图纸上，这样做可以减少使用橡皮擦的次数，有利于提高画面的质量。

马克笔纸是使用马克笔作画的专用纸，多为进口，纸质细密、厚实而光挺。

三、其他辅助类工具

在设计效果图的绘制中，常用的基本辅助工具有直尺、模板、比例尺、界尺（靠尺）、丁字尺、一字尺、三角板、曲线板、曲线尺等。

丁字尺通常选用 60 厘米、90 厘米长的规格；三角板选用 30 厘米左右规格的比较合适，在快题设计时其覆盖范围较广；一字尺如果与图版结合起来使用，在一定程度上能够提高处理整套快题并完成图纸的效率；另外，对于圆规、滚尺、胶带、图钉等辅助工具，可在工作实践中通过逐步研究，找到适合自己的使用方法。

绘制效果图时，需要在拥挤的工作台面上有意识地腾出一个可供手绘线条表达的工作面，而不能只留有一个速写本大小的作业空间。绘制效果图前，创造一个良好的环境是十分重要的，场地、绘图工具及材料的摆放、照明条件、通风条件、环境气氛等因素都要达到相应的要求。整洁有序的环境有助于绘画情绪的培养，良好的照明与通风条件有利于绘画工作的展开，绘画工具和材料齐备并摆放在合适的位置上则便于效果图绘制效率的提升。

第二章 | Chapter 2
效果图绘制的视觉原理

第一节 透视基础知识

透视在《现代汉语词典》中的释义为用线条或色彩在平面上表现立体空间的方法。透视图实际上就是物体投射至人眼睛中的无数光线在通过如平面玻璃板时，与玻璃平面相交产生的无数点连接形成的虚像。据此可知，将立体的物体描绘在玻璃平面上，或按照该原理描绘在不透明的纸上即可得到透视图。换言之，这种将物体呈现在眼前的虚像描绘在平面（纸）上的方法，即为透视图法。

1. 一点透视

一点透视又称平行透视，即室内空间中的一组主向轮廓线与画面平行，垂直于画面的线交汇于视平线的消失点上并与中心点重合（图 2-1—图 2-5）。

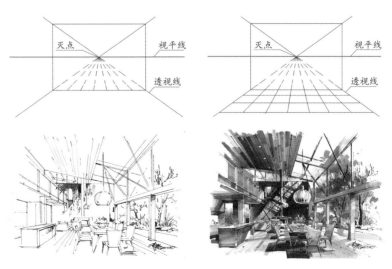

图 2-1 一点透视的
室内设计效果图绘制
步骤 郭民浩绘

图 2-2 一点透视的效果图 邓师瑶绘

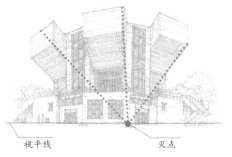

图 2-3 一点透视形成的内在原理示意图 毕世波补绘

图 2-4 一点透视的效果图 柴丽敏绘

图 2-5 一点透视的效果图 李伟真绘

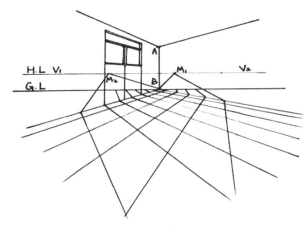

图 2-6 两点透视的室内空间表现示意图 吴培兰摹绘

2. 两点透视

两点透视也称为成角透视，即方形室内空间中有一组与物体放置平面垂直且与画面平行的线，其他两组线与画面形成一定的角度，并分别消失于视平线上的两个消失点（灭点）上（图 2-6—图 2-9）。

图 2-7　两点透视的室内设计效果图绘制步骤　沙沛绘

图 2-8　两点透视效果图　吴培兰绘

图 2-9　两点透视效果图　林志锋绘（左图）、王娟宁绘（右图）

　　透视是指把可视的对象"透明化"，从而通过平面来观察和表现三度空间的物体。透视原理是指当人们通过特定的视觉条件（视点、视距、视角等）观察事物时，随着视域空间的深度延伸而呈现的具有数理关系及规律的透视缩减原理。根据透视

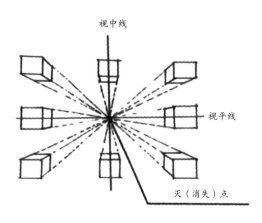

图 2-10　平行透视的简单原理图　毕世波摹绘

原理可以通过改变视平线、视觉中心、灭点、和量点等元素之间的关系，使空间呈数理化逐步缩减并形成可操作的系统规律。

画透视图时，应先确定不变的线和面，再根据普通人视觉的高度（视高）来确定视平线，并使与画面相交的平行线消失于视平线上的一点。画面中物体的高度可以根据视平线到地面的相对距离来确定，物体的地面透视线不能高于视平线（图2-10）。

3. 视平线

把画面中的物体横向切割成无数个面，其中与绘图者视线重合的面所形成的一条水平线就是视平线，也是绘图者视线高度的水平线（图2-11、图2-12）。

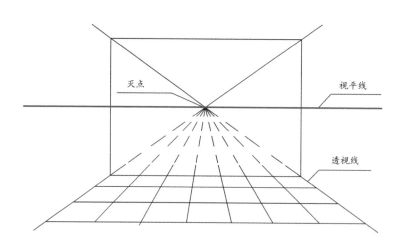

图 2-11　视平线形成原理　毕世波摹绘

图 2-12　所有物体通过透视画法均消失于同一灭点上　毕世波补绘

4. 灭点

与画面相交的平行线在图面上消失于一点，这个点就是灭点，灭点在视平线上。

5. 透视线

与画面相交的平行线在画面上消失于视平线上一点，汇聚于消失点的直线就是透视线。透视线分顶部透视线和地面透视线。

6. 真高线

两点透视中不变的线，即能体现物体真实高度的线。

7. 真实面

一点透视中不变的面，即能体现物体真实比例的面。

8. 视高

从视平线到地面的垂直距离就是视高。

9. 鸟瞰图

作图者的视线高于目标物体时形成的俯视透视图（图 2-13—图 2-16）。

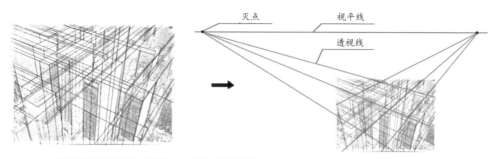

图 2-13　俯视透视形成示意图　邓超绘（左图）、毕世波补绘（右图）

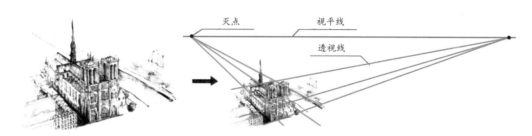

图 2-14　俯视透视形成示意图　瞿沛然绘（左图）、毕世波补绘（右图）

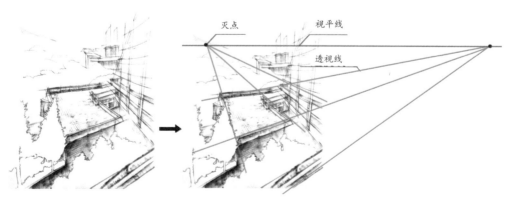

图 2-15　俯视透视形成示意图　才布吉乐绘（左图）、毕世波补绘（右图）

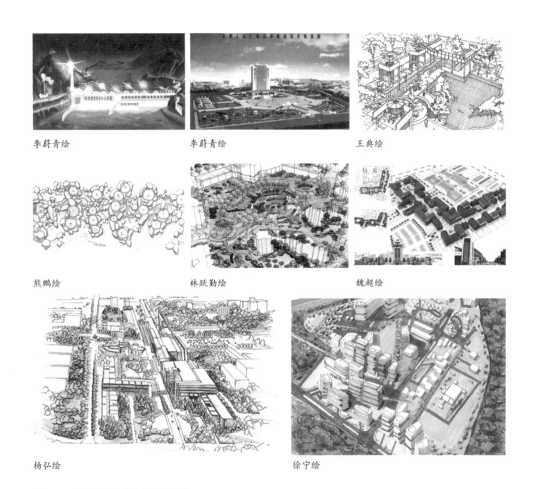

李蔚青绘　　　　　　　李蔚青绘　　　　　　　王典绘

熊鹏绘　　　　　　　　林跃勤绘　　　　　　　魏超绘

杨弘绘　　　　　　　　　　　　　徐宁绘

图 2-16　不同俯视角度的效果图绘制

10. 人视图

以人正常站立在地面上眼睛所在的视线高度为参照画出的透视图。

11. 轴测图

利用正、斜平行投影的方法，产生三轴立面的图像效果，并通过三轴确定物体的长、宽、高尺寸，从而反映出物体三个面的形象，即为轴测图。

第二节　大透视效果技法训练

大透视，即所绘画面的透视角度较广、纵深较大，画面多以非常规的视角和角度绘制。大透视画面通常用来表现空间的纵深感或开阔感，可以制造出扭曲夸张或变形的效果。此类透视训练有助于学生对空间、视界及透视的内涵产生更加深刻的认识，从而对透视概念有一个全方位的理解。本节把通常的以人的视高和平视的视野进行绘制的一点或两点透视画法称为常规性透视表现法，将大透视所涉及的画法称为非常规性透视表现法，其练习方法如下：

要求：先以常规的中心灭点透视来绘制画面，再以非常规的中心灭点法来绘制画面，也就是将中心灭点偏离，可以将其落在画面的任何一处，甚至画面之外。

目的：通过非常规的灭点透视训练，体会生动活泼、新颖别致的画面空间与中心灭点位置的关系，同时改变学生只关注常规性透视而造成的僵化的空间思维方式。

一、常规性透视画法

常规性透视画法的灭点常在画面的视觉中心附近，且多以人的视高为限，这是最基本的空间表现手法。此种画法绘制的画面虽然会显得对称、庄重，能凸显空间设计的常态，也符合通常人们所见视域的空间感受，但常伴有生硬呆板之感（图 2-17）。

图 2-17　常规性透视画法的中心灭点在画面的视觉中心处，使空间显得端正而规矩，但略显呆板。　郭民浩绘

二、非常规透视画法

非常规性透视画法的灭点大幅度偏离画面正常视觉中心的位置，包括两点透视以及大角度的仰视、俯视等画法。此种画法往往能使画面产生新颖、独特的视觉感

受（图 2-18—图 2-23）。

1. 非常规性平视视角的空间透视画法练习

要求：视平线及灭点的位置远远低于人的正常视平线的高度。

目的：观察和体会透视幅度变化所产生的不同空间效果，以及不同的画面视角所带来的不同感受。

图 2-18 以灭点远远低于正常人视平线的大透视画法
所绘画面的空间效果 黄颐鹏绘

图 2-19 大透视内在原理分析示意图一 毕世波改绘

图 2-20 以非常规透视绘制的室内一角之一 何雅杰绘

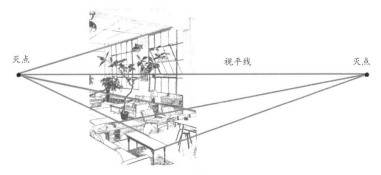

图 2-21 大透视内在原理分析示意图二 毕世波改绘

图 2-22　以非常规透视绘制的室内一角之二　何梓璇绘

2. 大幅度仰视、俯视视角的透视画法练习

（1）仰视

要求：以大视角的仰视来绘制画面，使画面产生向远处、高处延伸的强烈的空间纵深感。

目的：表现建筑物巍峨高耸的空间力度美（图 2-24）。

（2）俯视

要求：以大视角的仰视来绘制画面，使画面向低处延伸，产生广阔、宏壮的空间感。

目的：表现开放性的空间的壮美（图 2-25—图 2-27）。

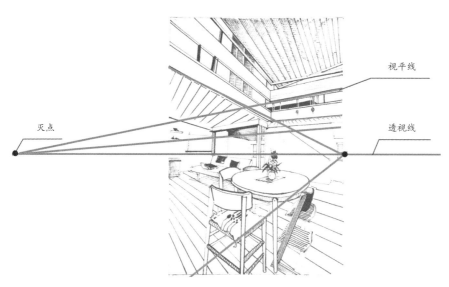

图 2-23　大透视内在原理分析示意图三　毕世波改绘

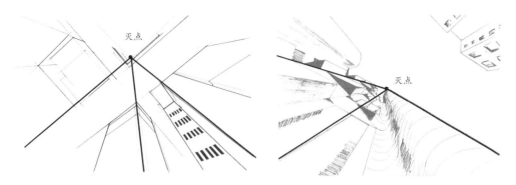

图 2-24 大视角的仰视绘制的画面内在原理分析示意图 原图黄向敏绘（左图）、段昭远绘（右图）毕世波改绘

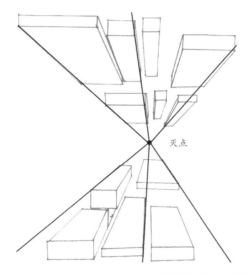

图 2-25 大视角的俯视绘制的画面内在原理分析示意图 原图陈浩洋绘 毕世波改绘

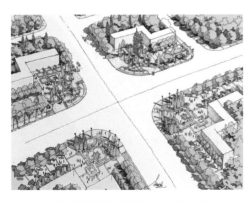

图 2-26 俯视视角绘制的体现空间广阔的画面
林跃勤绘

图 2-27 俯视视角绘制的体现空间宏壮的效果图
林跃勤绘

3. 鱼眼镜头视角的画法练习

　　鱼眼镜头是摄影术语，指将人眼的左右视宽范围，甚至超出视域范围的景别以鱼眼观看的方式"收录"于画面之中。由于采用了超广角视域表现的手法，因而会产生严重的球形变形的画面视觉效果，画面会被压缩性地聚集于球形（360°）之内。此种透视给人强烈的视宽感和曲面立体感，能使画面产生左右边缘向中心上方聚集或放大镜般夸张的艺术效果。这种视角画法的练习在锻炼学生的空间想象力，以及培养其集中精力的能力方面具有不可替代的作用（图 2-28、图 2-29）。

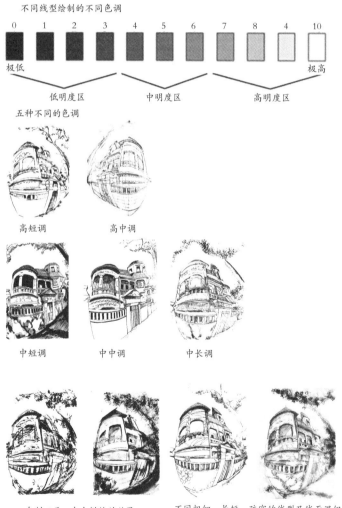

不同线型绘制的不同色调

| 0 | 1 | 2 | 3 | 4 | 5 | 6 | 7 | 8 | 4 | 10 |

极低　　　　　　　　　　　　　　　　　　　　　　极高

低明度区　　　　中明度区　　　　高明度区

五种不同的色调

高短调　　　　　高中调

中短调　　　　　中中调　　　　　中长调

自制工具、自由描绘的效果　　　　不同粗细、长短、疏密的线型及线面混组描绘的效果

图 2-28　不同幅度的鱼眼镜头透视画法，结合同一画面采用几种不同色调绘制的透视练习。　瞿沛然绘

图 2-29　大透视效果图绘制练习欣赏　邓师瑶绘

　　大透视虽然是一种非常用的表现手法，但作为训练空间思维的基础课程，在拓展学生对效果图透视的理解、表达方式等方面有着积极的意义。虽能用的或许只有其一、其二，但所学必须有三。

手绘线条及其表现

第一节　线条及其重要性

在手绘表现技法中，线条是组成画面的最基本的元素之一，并且可以表现出不同的特点和性格。

线条是艺术家情感的流露与再现。先人们用尖石在岩壁上刻划而产生了最早的岩画，这既是其运用简而快的线条对所认知环境的直接表达，又是当时人们对生活的观察与感悟的凝固，还是人们想象力的物化，在今天依然有其独特的艺术魅力。

任何物体实际上都是由若干个三维形体组成的，通过分析又可将其转化为若干个二维形体，其边缘及交接处就出现了边界；这时的边界是三维走向的，而通过对这些三维异面边界的分析，可将其进一步转化为二维同面边界，这就是线条。

画出一根线条对于会使用钢笔的人来说是件很简单的事，但要通过线条描绘物体并达到入木三分、神形兼备的境界并非易事。通常刚开始画线时会因心中无底、手比较僵硬，导致线条不够直、不够稳。其实，我们对手绘的直线条与用尺子画出的直线条的要求是不一样的，手绘直线条应达到感觉上的直、大体上的直，而不应有呆板生硬或漂浮之感。线条的飘逸和稳健感十分重要，富有韧性和张力的线条与艺术家才情之间有着密切的关系。

一、用笔与线条

不同的线条会展现出不同的艺术效果。在设计表现技法中，通常会强调线条的首尾处，从而使其显得清晰、稳定，更有说服力和感染力。如果线条的力量在末端减弱，会给人柔软无力、模棱两可之感。

二、线条对初学者的重要性

线条简单易学，但如果没有专业的指导和训练，很难掌握其中的奥妙。线条决定着画面的艺术效果，从线条的表现力可以看出手绘者的艺术修养及绘画的基本功力。

1. 手绘线条的特点

高质量的手绘线条具有快速流畅、明确肯定的特点。线条要有明确的起点和终点，犹如写毛笔字一样有起笔、运笔、落笔之分，不能省去任何一个步骤（图3-1）。要解决线条飘的问题，须在起笔和落笔之时笔头稍顿一下，使线条的两头显得稍重些。

起点　　　　　（运）　　　　　终

图 3-1　经过起笔、运笔和落笔三个步骤画出的富有稳定感和真实感的线条　叶岸珺绘

2. 线条练习的正确方法及注意事项

画草图时，不要让毛糙的笔触布满画面，也不能将一条线分成若干段来画，这样会让线条及其所表现之物有模糊不清之感。正确的做法是有条不紊、流畅地移动手中的笔，从头至尾稳健地画出每一根线条（图3-2—图3-4）。

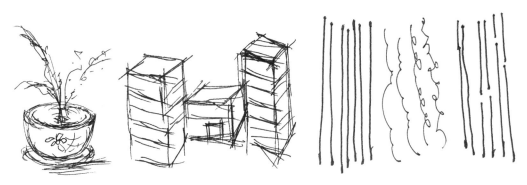

图 3-2　模棱两可的线条　叶岸珺绘　　　　　　　图 3-3　肯定的线条　叶岸珺绘

图 3-4 不同性格的线条所具有的不同表现力 叶岸珺绘

第二节 线条的表现形式

一、明暗与体积

表达清晰的手绘线条能描述出空间形态及其相互关系，并有着极强的概括性，它也可以表现得很细致，但不能给人真实的体积感。

采用素描的明暗画法则可通过强调亮面、灰面、明暗交界线、暗面、反光各部分，塑造出立体感、光感、质感和空间感，这使得表现对象富有了体积感，从而产生真实的空间感。这种通过线条组合而形成体积感的画法，亦称明暗调子或块面画法（图 3-5、图 3-6）。

图 3-5 写生对象实景 邓师瑶摄

图 3-6 右图强调了明暗、反光、质感等的画法，较之左图更具真实感。 邓师瑶绘

明暗调子画法是通过光照射在物体上所产生的变化来表现物体的形体特征，从物象的体、面对比入手，抓住受光与背光两个主要部分的对比效果和衔接处，尤其要在明暗交界线处做重点刻画，凸显对象的形体特征。在用明暗调子法进行快速表达时，可有意识地去减弱画面中复杂的调子，以明暗两大调子在画面中的对比及整体的黑白虚实关系为主进行描绘。此外，要合理运用物体本身固有色的对比关系，利用调子的变化来表现和强化明暗效果，这样也能增加画面的空间感和体积感。以上均是常用的、有效的线条表现手法（图 3-7—图 3-9）。

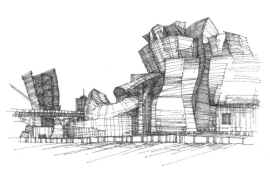

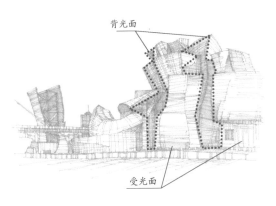
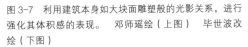

图 3-7 利用建筑本身如大块面雕塑般的光影关系，进行强化其体积感的表现。 邓师瑶绘（上图） 毕世波改绘（下图）

图 3-8 强调明、暗调子在整体画面中的对比、虚实关系的画法，属典型的中调画法。 李可润绘（上图） 毕世波改绘（下图）

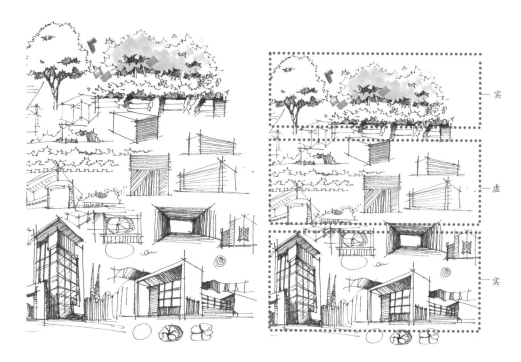

实

虚

实

图 3-9　描绘内容较多的画面，需强调画面整体的实—虚—实对比关系。　朱墨绘（左图）　毕世波改绘（右图）

二、质感与肌理

线条是人类从事造型艺术创作的一种最原始的表现手段，是单色画面最常使用的表现技法，也是其灵魂。线条本身是抽象的概念，只有将线赋予形又将形赋予神时，线条才会具备绘画性的语言和生命力，从而较为准确地表现大千世界的情态。

线条是有情感的，它犹如舞蹈演员一样通过灵动的舞姿来倾诉和表现喜、怒、哀、乐，因此，要善于运用线条变化所形成的不同形态特征和情感因素。线条可通过疏密、组合、排列等的方式来表现画面中物体的空间层次及其互补互衬的关系，从而达到美的视觉效果。

表现有多种形式，不要束缚于某种形式之中。要知道，无论哪种表现形式都离不开点、线、面的抽象概念与具象造型的组合。单纯地使用线条或明暗调子法来表现物体都会有一定的局限性。单纯使用线条无法充分地表现建筑空间的层次关系和体积感，而单纯使用明暗块面法有时又无法表现场景的细部。一幅作品如果以线面结合的画法来表现，则能扬两者之长而避其短，具有更丰富的变化，并产生生动的形象（图3-10）。

图3-10 使用不同疏密线条排列的表现手法或单纯地使用线描、体块法，都能很好地表现画面的质感与肌理特征。苏梦雨绘

手绘单体及其表现

第一节　植物的表现

植物是空间设计中重要的配景，有时甚至还会扮演全景的角色，在图面中常常占有相当大的比例。植物的绘制水平直接决定着图面的效果。自然界中的植物种类多样且千姿百态，若要掌握植物的画法，可先将其分类，并找出每类植物的共同规律，然后再根据不同植物的生长特点，分门别类地去练习（图 4-1—图 4-3）。

1. 树冠的画法

（1）概括表现法

树冠通常是由许多叶片及树枝组合而成的。表现植物的树冠时，可先将其抽象地视为几何形中的圆球体，然后在概括和提炼的基础上深入地刻画细部。树冠上的树叶（线条）不能平均分布，否则，所表现的植物会显得机械化或平面化。但只要理解了几何球体明暗关系的处理方法并注意树冠外形的适当变化，就能轻松地掌握树、花草或其他相似物体的画法。在画快速设计图时，无须把每片树叶都刻画出来，而是要采用概括的表现手法，也就是把复杂的树冠视为组合体，以体块组合的

图 4-1　以植物烘托建筑的效果图表现　李可润绘（左图）、王典绘（右图）

方式来表现。

（2）线条明确的表达法

轮廓线：明确、肯定、生动，不同的植物轮廓线的特征不同（图 4-4）。

明暗交界线（结构转折线）：明确、肯定、生动（图 4-5）。

阴影线（排线、暗面纹理线）：有规律、有变化，应呈现出一个变化而不是突变的过程；不同植物的表面材质和纹理也不尽相同（图4-6）。

2. 树干的画法

树的枝干千姿百态，尽管都来自自然界，但有些并不具美感。在表现时若遇到这样的情形，则需要发挥人的主观能动性，通过一些调整的方法（将某一枝干移开，再从别处移入另一种枝干）来获取美观的画面。在表现树木时应注意以下几点：

（1）了解植物的生长姿态及其特征。

（2）树枝之间要互相交错。

（3）树枝的组合应注意疏密变化（图 4-7—图 4-10）。

立体的植物表现如此，平面图纸上的植物表现亦同理（图4-11）。

图 4-2　植物、道具及空间关系的表现　陈冠傲绘

图 4-3　以植物为主体景观的效果图表现　林跃勤绘（上图）、林志锋绘（中图）、柳林绘（下图）

图 4-4 根据不同树种的特点明确其轮廓线 朱墨绘

图 4-5 明确肯定的明暗交界线和简便的阴影线（处）表现 朱墨绘

图 4-6 阴影要根据光源确定并进行有规律的渐变，这样才会富有变化和层次感。 张奇勇绘

图 4-7　不同特征的树种对环境气氛的烘托起着不同的作用　李可润绘（左图）、吴培兰绘（右图）

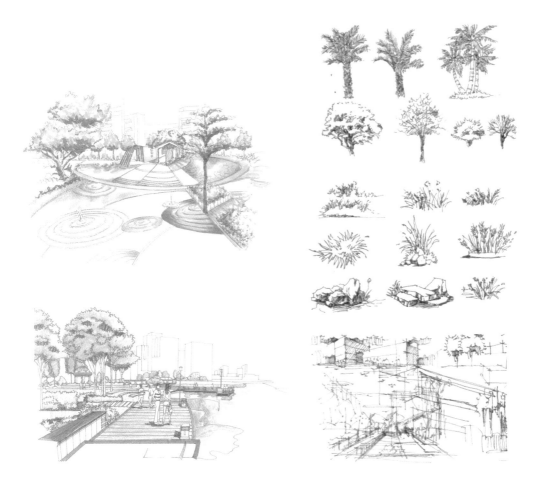

图 4-8　带树木的环境效果图　林钰绘（上图）、林志锋绘（下图）

图 4-9　不同种类和特征的树木及其与空间结合的表现　朱墨绘

图 4-10　不同种类和特征的树木及其与空间结合的表现　柳林绘（左图）、闫恒伟绘（右图）

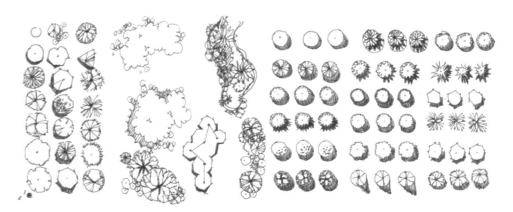

图 4-11　不同特征的植物的平面表现　朱墨绘

3. 大（多）叶植物的画法

　　大叶或多叶植物的叶片有着不同的姿态，叶片由叶边、叶茎、叶脉组成，其动态则由叶茎主导。因此，抓住叶茎的大动势，也就基本掌握了大（多）叶植物的画法（图 4-12—图 4-14）。

图 4-12　虽然是不同的叶片植物，但抓住其叶茎生长的主态势，就能得到令人满意的表达效果。　朱墨绘

图 4-13　不同大（多）叶植物的组合表现　朱墨绘（左图）、段培明绘（右图）

图 4-14　低明度树丛的描绘突出了建筑主体　汪峥绘（左图）、李成绘（右图）

第二节　人物的表现

人物的表现如同植物一样，要抓住物象的比例和态势特征，并找出明暗交界处进行重点刻画。作为配景的人物与车辆是效果图表现的要点与难点，其绘制水平对气氛的渲染起着关键的作用。此外，由于设计师在创作过程中还会遇到诸如旧街道、运动场所、现代商场等不同特性的空间，所以在基础训练时应掌握能适应不同特性空间要求的特定配景的描绘方法。本节及下节分别以人物类和交通工具类的配景绘制为主要练习内容，并进行重点的讲解。

一、配景表现常用的方法

在效果图配景的绘制中，较常用的有白描法和明暗法。这两种描绘法呈现出的物象疏密和明暗程度不同，因而能够满足不同场景的表现需求。

1. 白描法

基本要求：

（1）以线描造型为主要表现方式，结构、比例须严谨、准确。

（2）主要以线描的方式传达被描绘者的精神面貌，并做到画面干净整洁。

（3）有不同视角的人物表现（图4-15）。

（4）指导教师：李蔚青。

（5）课程时长：4周，48学时。

图4-15　以线为主的白描法绘制的不同视角的人物形态　亢星绘（左图）、胡牧怡绘（右图）

2. 线描明暗法

基本要求：

（1）以线条结合一定的明暗关系进行描绘。

（2）通过光影的描绘表现出对象的体积感，使画面产生一定的厚重感。

（3）有不同角度和不同透视类型的人物表现（图 4-16）。

（4）指导教师：李蔚青。

（5）课程时长：4 周，48 学时。

图 4-16　明暗法绘制的不同人物形态具有一定的体积感　顾绍娟绘（上图）、才布吉乐绘（中图）、何雅杰绘（下图）

二、 不同属性空间中人物的描绘练习

正如本节前文所写，设计师在创作过程中有可能遇到不同属性或功能的空间，需绘出与空间性格相应的画面，所以，基础性的训练内容不可或缺。人物不同的动态、造型、服饰等对空间气氛的烘托起着不同的作用，因此有着重要的意义。

1. 生活休闲类人物动态的练习（图4-17）

图4-17　生活休闲类人物动态的练习　孔令晨绘（上左图）、胡牧怡绘（上右图）、郭民浩绘（下图）

2. 运动类人物动态的练习（图 4-18）

图 4-18 运动类人物动态的练习 黄颐鹏绘（上左图）、瞿沛然绘（上右图）、孔令晨绘（下图）

3. 民族风尚类人物动态的练习（图 4-19）

图 4-19 民族风尚类人物动态的练习 郝程琳绘（左图）、陈浩洋绘（右图）

4.人物态势练习

基本要求：

（1）常见姿态写生，包括坐、蹲、倚等基本动作的静态描绘。由于学生入学前已有基本的速写技能，故此部分安排的时间可稍短，能起到"热身"的作用即可。

（2）要求学生在十五分钟内绘制出各种不同的人物姿态，并做到形态、结构、比例准确。

（3）绘制在 A4 幅面大小的复印纸上（图 4-20、图 4-21）。

（4）指导教师：李蔚青。

（5）课程时长：4 周，48 学时。

图 4-20 常见人物姿态写生练习 邓方元绘

图 4-21 不同人物态势的练习 何梓璇绘

5.临摹一定数量的人体解剖图

在人物常见姿态练习的基础上，复习人体的解剖知识，一方面能重新审视自己作业中可能存在的结构不准确等问题，另一方面亦能重新唤起学生对描绘对象内在结构的重视，这对初学者尤为重要。入门学习者应养成遵守人体内在结构和解剖规律的习惯，为今后自如地表现打下坚实的基础。

基本要求：

（1）临摹若干种不同人物动态的解剖图，熟悉人体的内在结构，包括男性和女性的人物。

（2）绘制在 A4 幅面大小的复印纸上（图 4-22—图 4-26）。

（3）指导教师：李蔚青。

（4）课程时长：4 周，48 学时。

图 4-22　不同动态的人体解剖图练习　陈泳梁绘

图 4-23　男人体解剖训练　陈泳梁绘（左图）、胡牧怡绘（右图）

图 4-24 女人体解剖训练 黄向敏绘

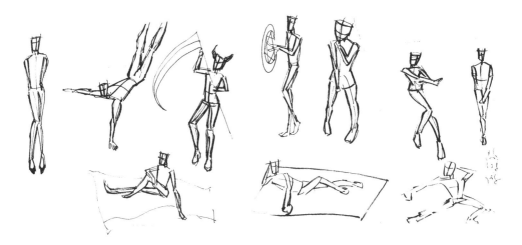

图 4-25 不同姿态人体的解剖训练 陈冠傲绘

图 4-26 在临摹人体解剖图的基础上绘制不同姿态人物的练习 邓超绘（左图）、黄向敏绘（右图）

第三节　交通工具的表现

交通工具也是空间环境的重要组成部分，形形色色的交通工具点缀于效果图中，对不同属性的现代空间起到了有效的烘托作用。本节以不同造型特征、不同年代的汽车、火车、轮船、飞机以及工程机械、军用设备为主要对象，简要介绍其类别及绘图方法（图 4-27）。

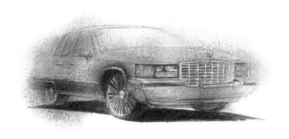

图 4-27　单体车辆造型练习　李蔚青绘

一、以线条为主的交通工具绘制方法

基本要求：

（1）以不同粗细的线条对各类交通工具进行以线描为主的描绘。

（2）透视准确、比例恰当，能完整地交代出不同风格的交通工具的属性和特征。

（3）绘于 A4 幅面的复印纸上，每幅不少于 5 种交通工具（图 4-28）。

（4）指导教师：李蔚青。

（5）课程时长：4 周，48 学时。

图 4-28　以线条为主的交通工具手绘图　亢星绘（左图）、邓超绘（右上图）、瞿沛然绘（右下图）

二、运用线条与明暗结合的方法绘制交通工具

基本要求：

（1）表现出一定的空间感和体积感，结构、比例准确。

（2）根据明暗变化图（图 4-29），至少绘出六种以上调子明暗度不同的画面，例如，重低调、低调、中低调、中灰调、灰调、高调、（最）高调与(最)低调结合等(图 4-30—图 4-35)。

（3）指导教师：李蔚青。

（4）课程时长：4 周，48 学时。

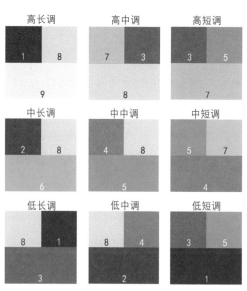

高长调　　高中调　　高短调

中长调　　中中调　　中短调

低长调　　低中调　　低短调

图 4-29　明暗变化图　张奇勇绘

图 4-30　重低调画法的交通工具手绘图　黄颐鹏绘（左图）、才布吉乐绘（右上图）、孔令晨绘（右下图）

图 4-31　低调画法的交通工具手绘图　韩迪绘

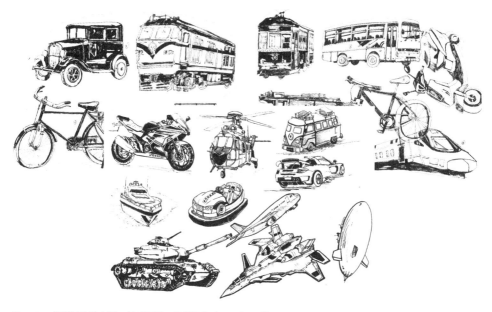

图 4-32　低调画法的交通工具手绘图　顾绍娟绘（上图）、何梓璇绘（下图）

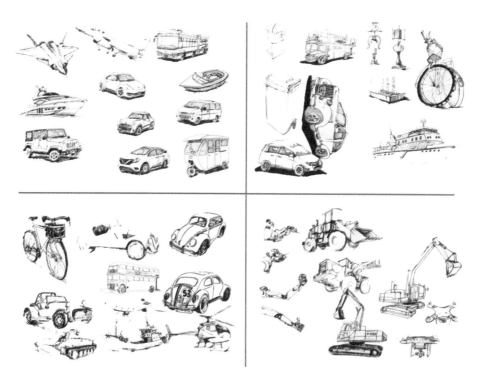

图 4-33　中低调画法的交通工具手绘图　郭民浩绘（左上图）、何雅杰绘（左下图）、胡牧怡绘（右上图）、陈浩洋绘（右下图）

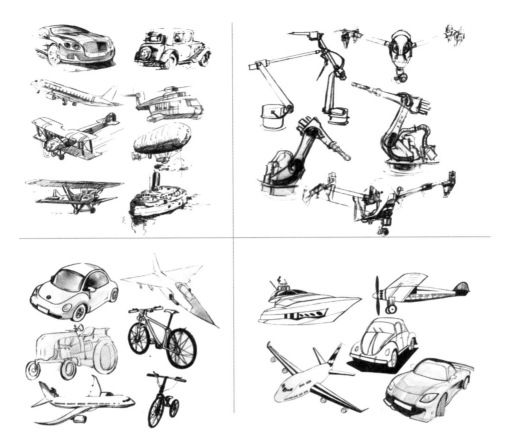

图 4-34　中灰调画法的交通工具手绘图　黄向敏绘（左上图）、邓灏璇绘（左下图）、陈浩洋绘（右上图）、郝程琳绘（右下图）

图 4-35　高调画法的交通工具手绘图　邓方元绘（左图）、郭乐茵绘（右图）

第四节 环境设施小品及其他配景的表现

生活空间中除上两节中提及的人物类及交通工具类配景外，还包括灯杆、电话亭、休闲椅及室内各种陈设等内容，因技法雷同，在此略之，只要根据前述的原理多加练习即可（图4-36）。

空间中复杂的组合体（物）可视为由简单的体块组合而成，所以单体体块的绘制练习是非常重要的。在物体形体的认识方面应进行意识上的转变，要把自然界中的无序形态和各种复杂的人造形态还原为由简单的几何形体组成的形态。换言

图4-36 旧街改造涉及的空间配景设计与表现 林跃勤绘

之，就是可以将空间中那些复杂的组合体分离为简单的几何形体来理解，以便进一步对其进行有效的掌握。这种体块的练习可以锻炼概括形体、刻画细节的能力，并培养在绘图时先找重点的习惯，从而提高判断整体图面形体走向的能力和绘图的准确性（图4-37—图4-39）。

图 4-37 将坐具视为简单的几何体的单体练习 毕世波绘（左图）、杨雅茜绘（右图）

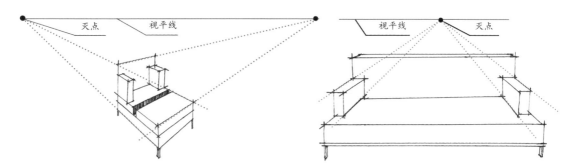

图 4-38 将不同形状的沙发视为由简单的几何体组成，而后再加入透视变化的单体表现练习。 毕世波绘

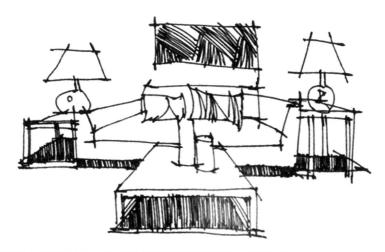

图 4-39 将单体家具视为几何体，而后再组合性地进行表现的练习。 毕世波绘

第五章 | Chapter 5

效果图的绘制流程

　　前几个章节是有关透视、线条、单体、明暗等基础性内容的讲解和学习，在掌握了基本技能后，本章将以马克笔的表现方法作为效果图绘制的学习重点。其一，马克笔是目前最流行、最快捷、最方便的表现和交换设计师思想的工具，也是运用最为广泛的效果图表现方法；其二，目前大多数初学者在使用马克笔这一工具时存在着较大的误区，即多注重马克笔在着色时的方便和快捷，甚至片面地追求其用笔和画面的"帅气"，从而忽视了对画面内在结构和规律进行深入地领会。此时，我们应该进一步强调马克笔效果图在处理构图、明暗上的优势之外的画外写生之功及其对优秀作品的解读能力，从而上升至对创作者的领悟能力、掌握和运用各种工具的能力以及按照科学的流程进行学习的能力等，这些才是学习马克笔效果图绘制时应该理解的前提内容。

第一节　效果图绘制的基础技能

1. 临摹

　　任何一种艺术形式的学习几乎都是从临摹开始的，临摹大量的优秀作品对迅速掌握和提高表现技艺是十分有益的。但只是客观地照搬对象的临摹学习方法会使初学者产生依赖和不自信的心理，进而导致其害怕面对真实场景进行写生训练。因此，只有有规律和有方法地临摹练习，才能达到事半功倍的效果。

　　很多初学者在刚开始临摹时会觉得收获非常大、进展也很快，但经过一段时间后，似乎找不到继续进步和突破的途径，因而觉得十分苦恼。此时，建议初学者把之前画得不错的图稿再进行反复地练习，直到可以默画为止，或是采用多种方式对画过的图稿进行表现，甚至可将其提炼至几根简单的线条就能表达的程度，这样做的目的是要通过各种表现方法去真正地"吃透"某一张画，从而形成独属于个人的表现模式。

2. 写生

临摹和写生对初学者而言是两个经常打交道的"老朋友"。写生相对于临摹而言，表现形式更加自由，它允许加入个人的理解并将其以图画表达出来，而不必与客观对象完全一致（图5-1）。初学者大多惧怕写生，觉得无从下手，这其实是只进行机械性临摹而导致的"后遗症"。另一方面也可能是由于"好面子"，在众目睽睽之下进行对景写生时，因害怕自己画不好会被周围的人嘲笑，而产生了非常不好意思的心理。这两种情况都是很常见的，也比较容易克服。

要解决初学者在写生时无从下手的问题，最好的办法就是临摹一段时间后再与写生相结合，不能仅单纯地临摹或者单纯地写生；也可以先进行写生的训练，多次写生训练后再找相似场景的优秀作品进行有目的地临摹。这样的训练方式有助于学生了解别人是如何处理和表现类似问题的。学生带着写生产生的疑问去临摹，可以

图5-1　实景写生的不同表达方式　李蔚青绘

取得相当好的训练效果。写生时担心画不好而被人嘲笑其实是个心态问题，要在心中告诉自己"大多数人都不精通绘画，其实当你在写生时围观者多是抱着十分羡慕和佩服的心态的"。这些话语的不断提醒和心理暗示有助于调整心态，克服因害怕画得不好而被嘲笑的心理。倘若实在羞于在众人面前写生，其实可以先将生活环境中的任意一件物体拿来当作写生对象进行练习，逐渐积累自信后再尝试外出写生（图5-2）。

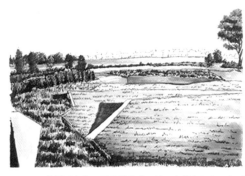

图5-2　实景写生的不同表达方式　陈冠宇绘（左上图）、黄小婷绘（左下图）、黄培炜绘（右上图）、王典绘（右下图）

第二节　效果图分析的基本视角

学会如何评价一件作品，对提高效果图的表现水平和认知程度是非常有帮助的。这种分析能力实为另外一种学习方法，并与绘图的实践训练同等重要。本节将对两幅马克笔手绘作品进行分析，围绕初学者易出现的色彩、透视和构图三方面的问题进行讲解，以期初学者能认识到马克笔手绘效果图表现中此三方面的重要性，并掌握其相关问题的处理方法。

色彩，人们似乎很熟悉它们，但普遍缺乏对它们的深入了解。色彩有色相、明度和纯度三大属性。色相即色彩的相貌，例如红、湖蓝、群青等，是区分色彩的主要依据，也是色彩的最大特征；明度即色彩的明暗程度，主要是指深浅的差别；纯度即色彩中包含的单种标准色成分的多少。越纯的色，色彩感越强，亦即色度越强，所以纯度决定了色彩感觉的强弱。本节以提取色彩样本的研究方法对所选取的若干案例的用色进行了明度和纯度方面的分析。

透视，实际上就是在平面上营造出空间感和立体感，是初学者在学习中容易遇到的问题。透视通常有三种表达方式：一点透视、两点透视和三点透视。一点透视即物体的延长线均相交于一个消失点，两点透视即有两个消失点，三点透视即有三个消失点。根据场景内容的不同，透视形式也要相应地改变。

实用的构图法在后面的章节中会进行详细的讲解。九宫格构图法是最为常见的构图方法之一。该法将画面的四个边缘内的面积视为有效画面，并对上、下、左、右四个边缘进行三等切分，然后再用直线把对应的点连起来，使画面中出现一个"井"字形。此时，画面面积分成了相等的九个方格，这就是我国古人所称的"九宫格"。其中，"井"字四个交叉点的中心范围即是画面的视觉中心，画面的重点和主体物应分布于其附近。下面通过两个案例对上述色彩、透视和构图三方面内容进行具体的解析：

案例一：

（1）色彩样本分析

首先对图5-3进行色彩样本的抽取，然后以水平方式列出并进行分析（图5-4）。结论为：该画面用色的明度和纯度呈现出较为统一的特点。该画面中的色彩明度相对较高而纯度相对较低，此种色彩搭配能让人产生轻盈干净的视觉感受。

（2）透视分析

案例一采用的是一点透视的表现方式，画面中的物体有两组主向轮廓线平行于画面边框，第三组轮廓线相交于一个灭点（图5-5）。

图 5-3 马克笔手绘效果图案例一 汪峥绘

图 5-4 图 5-3 所用主色中提取的色彩样本 曹幸绘

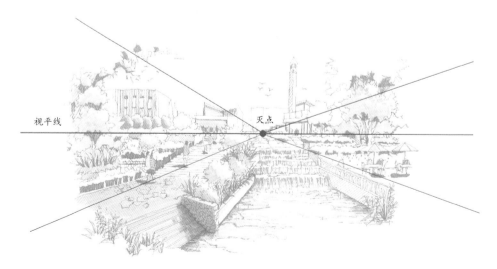

图 5-5 对案例一进行的透视分析 曹幸改绘

（3）构图分析

将案例一按九宫格构图法平均分为九块，可发现该效果图中的主体物均围绕在"井"字中心的方框附近，此种构图形式可使画面达到在视觉平衡的效果，从而使画面的主体更加突出，得到更充分的表现（图5-6）。

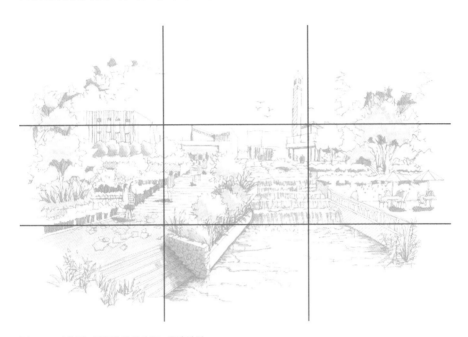

图5-6　对案例一进行的构图分析　曹幸改绘

案例二：

（1）色彩样本分析

提取图5-7的主要用色，列出其色彩样本（图5-8）。通过分析提取的色彩样本可以看出，案例二与案例一的色彩样本相比，明度更低，纯度更高，这使画面整体呈现出鲜艳、稳重而又明快的视觉效果。

图5-7　马克笔手绘效果图案例二　沙沛绘

图 5-8　图 5-7 所用主色中提取的色彩样本　曹幸绘

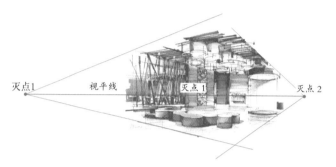

图 5-9　对案例二进行的透视分析　曹幸改绘

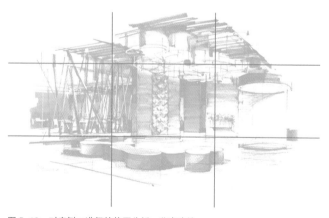

图 5-10　对案例二进行的构图分析　曹幸改绘

（2）透视分析

案例二采用的是两点透视法。也就是说，画面中的物体仅有铅垂轮廓线与画面平行，而另外两组水平的主向轮廓线均与画面斜交，并在画面视平线的两边形成了两个灭点（图 5-9）。

（3）构图分析

将案例二按九宫格构图法平均分为九块后进行分析，可以看出图中所描绘的主体物均围绕于井字形中心的方框附近，这样的构图形式突出了主体物，并使画面达到了视觉上的平衡（图 5-10）。

使用马克笔绘制效果图，需要在用色、透视和构图三个方面的分析和训练上下足功夫，才能取得良好效果。在色彩运用方面，初学者可试着将自己的马克笔工具按照纯度和明度由低至高分类排列放置，然后在同一幅线稿上用不同纯度和明度的色彩进行多次对比性的描绘练习，以此体会不同纯度和明度的色彩及其关系对画面视觉效果的影响，进而逐渐建立起自己的色彩系统（图 5-11）。

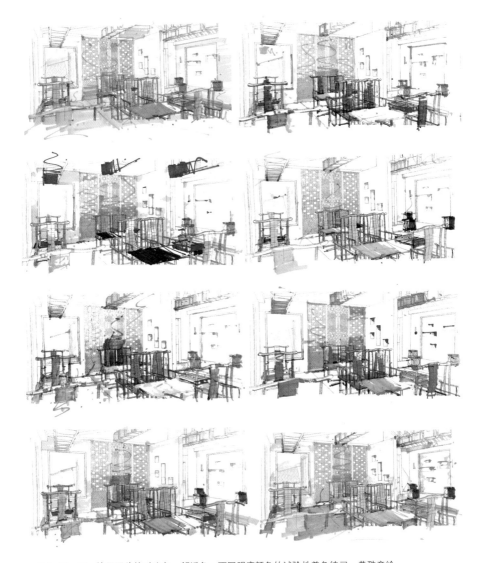

图 5-11 同一效果图稿的对比色、邻近色、不同明度颜色的试验性着色练习 黄劭彦绘

在刚开始训练马克笔手绘表现技法时，初学者总是容易在透视方面表达得不够准确。这时应保持冷静的心态，从简单的线稿入手，先把三种透视形式用最简单的空间表现出来，再逐渐进行复杂的空间透视练习；也可练习将不同透视形式的优秀作品的透视线找出，然后选择其中的某一幅作品反复临摹，直至能达到默画的程度为止。

构图方面，可将自己的作品用九宫格构图的方法绘出辅助线。这样做一方面能检测自己的作品是否"达标"，如果不够"标准"，应针对检测时发现的问题予以修改或重新画一幅，并观察前后画面构图的不同。另一方面，这样做也有助于提升自己的鉴别力。有关构图的内容将在后面的章节中进行详述，可与本章相关部分结合进行学习。

第三节　效果图绘制的步骤

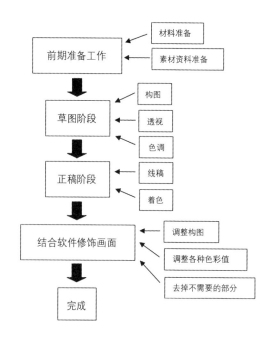

徒手绘制马克笔效果图时，需做到每一个步骤均接近完美，才能最终得到完美的画面效果。掌握了前两节的基础知识，就可以进入本阶段的学习了。效果图绘制的基本流程大致包括前期准备、草图、正稿、计算机辅助制作等几个方面，本节将对前三个主要步骤进行详细讲解（图 5-12）。

图 5-12　马克笔效果图绘制基本流程图　曹幸绘

一、前期准备工作

1. 材料准备

若想绘制一幅优秀的马克笔效果图，前期的材料准备工作是必不可少的。马克笔效果图的绘制在材料准备方面相对其他表现形式更为简单，通常只需要准备笔和绘图纸即可，但如果想进一步追求画面效果，则需要更为讲究。

对初学者而言，选择何种大小的纸张更适合练习之类的问题在前文中已经进行了详细的说明。纸质方面，马克笔效果图通常选用普通复印纸或硫酸纸来进行绘制。前者适合绘制草图，而硫酸纸由于有着不易吸水而少有洇渍的特质，所以适合用来绘制正稿。实践也证明，马克笔在硫酸纸上的表现更为优秀：一方面，因有着恰当的半透明质地而能够方便准确地拓印草图；另一方面，普通复印纸吸色过快，色彩难以自然过渡，易使画面的色彩效果偏重，不利于对画面进行深入地刻画。硫酸纸除了具有能吸收一定的马克笔颜色而不至于洇渍的特性外，还可进行多层次的叠加画法，从而达到更令人满意的画面效果。

在前面的章节中，对选择使用签字笔进行线稿练习的原因已进行了解答，但当绘图技术掌握得相对成熟后，选择针管笔进行线稿绘制则更为合适。针管笔可绘制出粗细不同的线条，因此线条表现力更强。不同号码的针管笔对应的是不同粗细程度的线型，绘制者应根据需要对笔的型号进行选择。有了线型的变化，画面才会更加丰富。

在前期的准备工作中应对马克笔进行深入了解，这有利于后期绘制阶段的工作更加高效。在绘制之前可制作一个马克笔色表，就是将不同色号的马克笔按明度、彩度对应色相环进行有规律地排列，而后再描绘在另一张纸上，这样便于在绘制过程中更快速精准地找到需要的颜色。另外，可将马克笔按照色相的不同进行分类整理，把在色相环上处于同一色相范围的马克笔置于一起，再按照邻近色相邻的顺序进行排列。这样整理的意义在于后期上色过程中能够准确地选择出更为和谐统一的色相组合，从而使画面建立起较为统一的色调，以免出现画面色彩混乱的结局（图5-13、图5-14）。

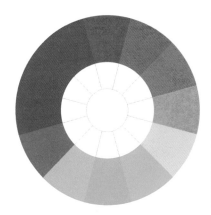

图 5-13　色相环　曹幸绘　　　　图 5-14　以色相环及明度变化为依据的马克笔排列方式　曹幸摄

2. 素材资料准备

上述材料准备就绪后，在绘制草图之前还可准备一些素材资料作为参考。素材资料可以是平时积累的较为优秀的练习图稿，也可以是网络或书籍中遴选出的优秀作品。其内容可以是单个物体，也可以是融合了不同透视角度和色调的完整作品。准备素材资料是为了在效果图后期绘制过程中遇到较难掌控的部分时能及时提供参考（图 5-15—图 5-17）。

图 5-15　单个物体练习素材稿　朱墨绘

图 5-16　效果图素材稿　邹喆绘　▶

图 5-17　不同透视和色调效果的素材稿　沙沛绘（上图）、汪峥绘（下图）

二、草图阶段

草图阶段主要需解决构图的合理性、透视的准确性和色调的统一性三个方面的问题，此三者是一幅马克笔手绘效果图成功的基础。其中构图和透视相当于画面的"骨架"，若构图不合理或透视不正确，后期的表现再华丽也只是徒劳。色调相当于整个画面的"衣裳"，这件"衣裳"同构图和透视一样，一方面能提升整体画面的表现力；另一方面，若掌控失当也会使前期工作前功尽弃，由此可见草图阶段构图、透视和色调三者的重要性。对初学者而言，应重视草图阶段的每一个步骤。

1. 透视

透视可以说是人为创造的一种视错觉效果，它可以在平面上使观者感受到三维空间的视觉效果。常见的透视形式有一点透视、两点透视和三点透视。不同的透视形式会给观者带来不同的视觉感受。例如，一点透视的纵深感强烈，三点透视的立体感强烈等。因此，应根据要表现的物体和场景的不同需求来确定透视的方式。一点透视一般适合表现室内空间或场景的某一局部空间，两点透视常被用来表现某一单个物体或较大的空间场景，三点透视则在表现建筑物或三个面的物体时最为适宜。初学者在训练之初不必马上开始临摹，可先对不同透视角度的优秀作品进行有针对性的分析，而后再对不同视角的作品分别进行临摹练习，这样训练会更具针对性。

2. 构图

构图可以说是效果图作品的基础，就像一栋建筑如果地基不牢固，那么其他部分都会变得摇摇欲坠，构图是否成功会影响初学者作图的心态。不仅马克笔效果图的表现需要重视构图，其他绘画形式亦将构图视为第一要务。

审视构图优劣与否可采取九宫格检查法，它是最常见、最基本的构图方法，图中井字的四个交叉点可作为整个画面的中心（图5-18）。构图的关键是要确定整个画面的主体，即确定要突出和重点表现的内容，从而形成画面的趣味中心。构图时还要权衡画面中各物体之间的比例关系以及主体物与配景之间的比重关系。在九宫格构图法中通常借助横竖四条分割线来确定画面的比例关系，而四个交汇点形成的围合空间可视作画面趣味中心所在的位置（图5-19）。

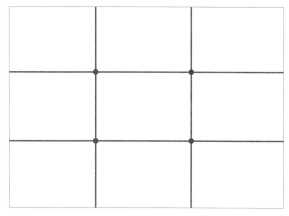

图 5-18　九宫格构图法示意图　曹幸绘

图 5-19　灯塔处于井字中心区域附近，既是整体画面的视觉中心，又与右侧大面积的空白取得了视觉上的平衡。曹幸绘

3. 色调

色调练习对初学者而言是相当重要的，需要经过长期训练才能熟练地掌控。初学者可将线稿草图多复印几份，然后用不同色系的马克笔分别对其进行快速着色。这种上色练习不必拘泥于细节，每张只需要花费十分钟即可，但必须按照冷色调、暖色调、亮调子、暗调子、灰调子等的不同要求，进行有计划、有步骤的着色练习，不能盲目，然后再比较和感受每一张效果图的色调差别。经过一段时间的锻炼后，就可初步建立起对色彩的感觉，从而提高自身对画面色调的把控能力，图 5-20 至图 5-24 是对同一幅效果图进行的不同色调变化的练习。

图 5-20 对同一线稿进行的快速着色练习 黄劭彦绘

图 5-21 环境手绘效果图 沙沛绘

图 5-22 图 5-21 的高明度色调处理 曹幸改绘

图 5-23　图 5-21 的中明度色调处理　曹幸改绘　　　　图 5-24　图 5-21 的低明度色调处理　曹幸改绘

三、正稿阶段

1. 线稿

在正稿阶段，线描稿的重点是把线条画得具体而有变化，力求形成一幅主次分明且趣味性强的画面。线稿一般从主体入手，先用线条较粗的针管笔勾勒出主体部分轮廓，描绘时要尽量做到一气呵成。前景的具体物体可用稍细的针管笔进行刻画，最后再用最细的针管笔画远景，这样能较好地区分画面的主次顺序，从而形成前景强对比、中景次对比、远景弱对比的空间纵深感。在此过程中，也可适当使用明暗调子的描绘法，同时还需要注意，线条应尽量一气呵成且有微妙的粗细变化，切忌对线条进行反复描摹。下面将结合优秀线稿案例对前景、中景和远景的画法进行详细的说明。

图 5-25 和图 5-27 的两幅线稿整体而言，画面主体突出且具有较强的空间纵深感。前景建筑刻画得较为细致准确，明暗对比强烈；中景物体的描绘较前景相对简略，加之明暗对比适中，所以不及前景的对比效果强烈；背景物体刻画得更为简略，甚至仅用数根简洁的线条表达，明暗对比显得非常弱，因而形成了"远景的感觉"。由此，绘图者明确了前景、中景和背景在画面中的对比关系，从而取得了很好的画面空间表现的效果（图 5-26、图 5-28）。

2. 着色

线稿完成后即可开始着色。着色时为了更好地表现空间感，必须注意以下两个方面。首先，在给前景的物体上色时，应选用饱和度较高的颜色，色彩间的对比度可稍大一些。其次，给远景物体着色时，应选用饱和度较低、对比较弱的色彩。此外，在给前景物体上色时，马克笔的笔触可尽量整齐细致一些，而给背景物体上色时，笔触应尽量大而粗略，这样也可以很好地拉开前景和远景的空间距离。现结合案例来说明如何通过着色使画面产生空间感。

以图 5-29 为例，其画面中前后景物的刻画有着明显的区别：前景的沙发等物体以整齐细致的笔触描绘且色彩鲜艳，远景物体笔触概括且运用了对比度较低的灰色系。正是色彩表现手法的运用使画面营造出了较为出色的空间感（图 5-29、图 5-30）。

图 5-25　效果图线稿　郭晓华绘

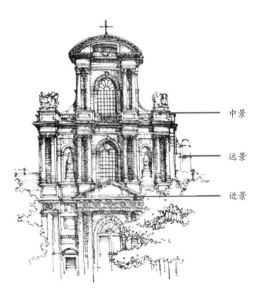

中景

远景

近景

图 5-26　图 5-25 线稿分析　郭晓华绘

图 5-27　效果图线稿　毕世波绘

中景

远景

近景

图 5-28　图 5-27 线稿分析　毕世波绘

远景

前景

图 5-29　室内设计效果图　沙沛绘　　　　图 5-30　图 5-29 色稿分析　曹幸改绘

第四节　利用 Photoshop 软件修饰画面

　　Photoshop 是 Adobe 公司出品的图形图像处理软件，该软件被广泛运用于平面广告设计、网页设计、插画设计等艺术设计专业领域。图像处理是指为了获得某种特殊效果，运用一些计算机图形处理命令对已有的位图图像进行进一步的编辑和加工。Photoshop 软件有着强大的图像处理能力，可用来修饰马克笔绘制的效果图，使画面更加精美并产生更具有表现力的效果。结合计算机软件进行画面修饰也是当今效果图表现的必要环节。下面结合图例讲解使用 Photoshop 软件（CS5 版本）对效果图画面进行修饰的一般方法（图 5-31）。

图 5-31　马克笔手绘效果图　沙沛绘

一、裁切画面

效果图如果需要存档或发表，通常会采取拍照或扫描的方式将其转化为像素图片，但这两种转化方法均会或多或少地留下不需要的边线和空白，这个问题用Photoshop 软件的裁切功能就能解决，其具体步骤如下：

第一步：打开 Photoshop 软件（CS5 版本），点开 "文件"栏并下拉菜单，点击"打开"，找到存于电脑中需要修饰的图片文档（图 5-32）。

图 5-32 裁切画面第一步演示图 曹幸改绘

第二步：选择左侧竖条工具栏中的裁切工具，在画面中拉出一个虚线框，框内是需要留下的部分，虚线框外的则是需要裁切掉的部分（图 5-33）。

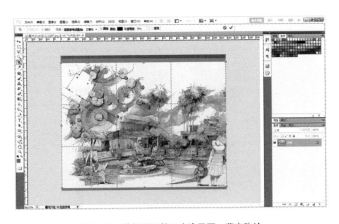

图 5-33 裁切画面第二步演示图 曹幸改绘

第三步：确认剪裁范围后，双击虚线裁切框中间任意一点，裁切即告完成（图5-34）。

图5-34　裁切画面第三步演示图　曹幸改绘

二、清除画面多余部分

关于画面中的污点或多余的部分，Photoshop 软件中有许多可以去除它们的工具，下面介绍其中一种较为简单高效的方法。

第一步：同上文所述，打开需要处理的文档，双击图层面板中的"当前背景"，使之建立图层，以便后期进一步编辑（图5-35）。

第二步：选择左侧竖条工具栏中的框选工具并拉出选区框，选区框内即是需要清除的部分（图5-36）。

图5-35　清除画面多余部分第一步演示图　曹幸改绘

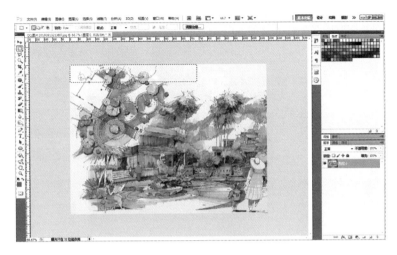

图 5-36　清除画面多余部分第二步演示图　曹幸改绘

　　第三步：选择左侧竖条工具栏中的吸管工具，吸取画面底色，此时调色板中的前景色即变为吸取的底色（图 5-37）。

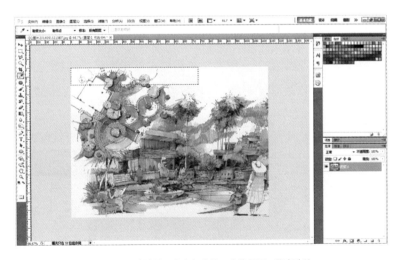

图 5-37　清除画面多余部分第三步演示图　曹幸改绘

　　第四步：同时按下 Alt 和 Delete 键，然后填充前景色，这样就可达到清除污点的目的。然后，再按 Ctrl 和 D 键，以取消选框。这样，清除画面多余部分的图像处理工作即可完成（图 5-38）。

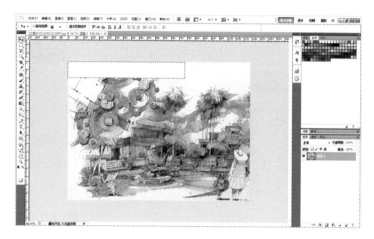

图 5-38　清除画面多余部分第四步演示图　曹幸改绘

三、修改画面相关色彩值

拍摄的作品照片或扫描而得的作品图片经常会遇到与原作色彩有差别的情况，如色彩变灰暗、清晰度不够或者饱和度降低等。这种情况可利用 Photoshop 软件中调整相关色彩值的功能来完成。

1. 改变亮度和对比度

打开需要修改的文件，点开"图像"菜单栏，然后选择"调整"中的"亮度 / 对比度"命令，打开其修改面板，修改各项数值直至满意为止（图 5-39）。

图 5-39　改变亮度和对比度演示图　曹幸改绘

　　例如，改变图 5-31 的亮度和对比度后可以看出，调整后的效果图整体画面更加清晰，色彩更为鲜亮（图 5-40）。

图 5-40　图 5-31 效果图原图及改变亮度和对比度后的效果　沙沛绘（左图）、曹幸改绘（右图）

2. 改变色相和饱和度

　　打开需要修改的文件，点开"图像"菜单栏，选择"调整"中的"色相 / 饱和度"命令，打开其面板修改各项数值。"色相"命令可以改变原有色彩的色貌，"饱和度"命令可以改变色彩的鲜艳程度，两者可结合使用（图 5-41、图 5-42）。

图 5-41　改变色相和饱和度演示图　曹幸改绘

图 5-42　图 5-31 效果图原图及改变色相和饱和度后的效果　沙沛绘（左图）、曹幸改绘（右图）

3. 改变色彩平衡

打开需要修改的文件，点开"图像"菜单栏，选择"调整"中的"色彩平衡"，修改各项所需要的数值。使用"色彩平衡"命令可以调整画面中青色和红色、洋红和绿色、黄色和蓝色的比例，不同的参数可以得到不同的色彩效果（图 5-43、图 5-44）。

Photoshop 软件强大的图像处理功能不仅表现在上述三个方面，综合运用其提供的各项命令，根据不同的诉求来处理效果图，可以得到不同的表现效果。此外，

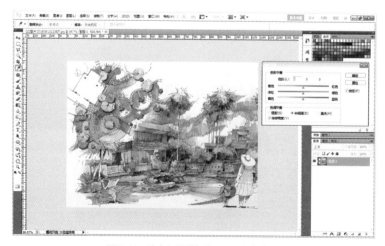

图 5-43　改变色彩平衡演示图　曹幸改绘

常用于效果图绘制的还有 SketchUp、3Dmax、MAYA、ImageReady 等软件，它们之间存在着互换、互用、互补的关系，是绘制效果图的利器。对此，有专门的书籍讲解和介绍，可根据自己的需要另外补充阅读（图 5-45—图 5-48）。

图 5-44　图 5-31 效果图原图及改变色彩平衡后的效果　沙沛绘（左图）、曹幸改绘（右图）

图 5-45　综合运用 Photoshop 软件的各项命令对同一画面进行处理后得到的不同效果　曹幸改绘

　　利用计算机软件辅助完成效果图表现的创作方法的普及说明，效果图的绘制必然由纯手工逐步向与新科技结合的方向发展，必然向着多元化的表现阶段发展。在这一过程中，手绘表现方式并不会消失，因为软件是随着科技进步而不断变化的，

图 5-46　SketchUp 软件绘制的景观设计效果图　黄智绘

图 5-47　SketchUp 软件结合图像拼接手法绘制的不同表现风格的室内设计效果图　黄智绘

图 5-48　3Dmax 软件绘制的不同表现风格的室内设计效果图　李敏勇绘

但手绘表现方式在提高创作者基础技能及其审美水平方面的作用是无可替代的。本节以 Photoshop 软件为例，对所涉及的绘制技法进行了简单的演示，不同绘图软件所拥有的各项强大功能还需学生在学习和实践过程中深入地领会。只有做到将本节内容与前几个阶段学习的效果图绘制技法恰当结合，才能让科技进步的成果真正有效地为我所用。

第五节　手绘效果图常见问题解答

问：初学者在训练时用多大的纸合适？

答：马克笔的手绘练习其实没有纸张限制，但对初学者来说，纸张的大小可能会影响其学习的效果和效率。通常情况下，练习者会选择用 A4 幅面（210×297mm）的复印纸进行练习，但实际上稍大些的 B4 幅面（364×250mm）更适合初学者。这是因为，初学者用较小的纸张进行练习有可能导致过于注重局部的描绘，而忽略了对画面整体效果的掌控，何况，B4 幅面的复印纸同样携带方便。

问：对初学者而言，钢笔、针管笔、签字笔等工具，哪种更适合用来练习画线稿？

答：由于初学者刚开始练习画线稿时容易产生唯恐画错而不能修改的紧张心理，因此，建议使用廉价且出水流畅的签字笔来做练习。针管笔笔尖较细，出水口易堵且用力不当容易折断；钢笔笔尖有一定方向性，稍微偏离方向就会导致线条变形或笔尖不出水，并且，其笔尖也较为脆弱，使用不当即会出现弯曲、折断或堵塞等现象。因此，此两款工具都不太适合初学者使用。

问：哪种马克笔适合初学者练习？

答：市面上常见的马克笔有油性和水性两种。油性马克笔具有快干、耐水和耐光的特性，且多次叠加描绘不会伤纸，颜色厚度也更佳。水性马克笔色彩亮丽且有透明感，沾水涂抹会有水彩洇渍之效果，但多次叠加描绘后色彩会变灰，且易损伤纸张。初学者最好选择油性马克笔，虽价格略贵，但更易操控。此外，绘制者最好准备笔头宽窄不同的笔型，以便表现时能有更大的发挥空间。

问：初学者每天进行多少练习合适呢？

答：常言道：欲速则不达。不能因一时兴起就疯狂地练习，导致自己看到马克笔和纸就厌恶，过度的训练是不提倡的。训练到了产生疲倦或厌烦感时，最好就暂停。就心理学的角度而言，训练是为了给人的潜意识提供一定的刺激性，从而得到轻松快意的线条，其表现力是经过潜意识分析和理解后得到的结果，而不是机械地训练的结果。例如，很多人都会骑自行车，但不可能单凭练习操作要领就能轻松驾驭，甚至掌握双手离开把手也能自如骑行的本领。有些知识不是用一两天不断地练习就能领悟的，而是持续一段时间的练习后，在某一天突然明白和掌握的，也就是潜意识不断地琢磨而悟出结果的那天。练习是量的积累，也是经验的累积，每天练习一定的量，终会有一天能领悟其中之奥妙和真谛。这样持续性的训练过程对日后进一步提高也是非常有帮助的，并且能起到触类旁通的作用。

问：初学者能否先用铅笔打底稿，这样做会不会导致日后对其产生依赖心理？

答：初学者由于不够熟练和自信，习惯先用铅笔打底稿，这没有什么对错，切勿太过担心。随着练习量的增加，技能熟练掌握后，用铅笔打底稿的习惯就自然而然地省去。重要的是养成勤于练习的习惯，这才是初学者最需要重视的。

问：使用马克笔绘图能否使用各种辅助工具？

答：马克笔手绘效果图如果要做到准确、快速并富有艺术表现力，那么，使用辅助性作图工具会非常有帮助。很多人的想法中存在着这样一个误区，认为使用马克笔进行手绘不能借助任何辅助工具。显然，学习者没必要纠结于要不要使用辅助性工具，而应把重点放在如何表现才能使线条或形象更具有张力。在保证准确性的前提下，可使用辅助工具作图，尽可能训练自己的作图速度。集中精力完成一定程度的快速训练后就会发现，绘制的线条更容易达到两头重、中间轻的效果，而不再仅仅是用力平均的缺乏张力的线条。所以，不要太过拘泥于纯粹手绘、纯粹电脑制作等极端思维，正确的做法是灵活使用它们，以达到为描绘完美画面服务的目的。

问：为什么有些人画的线条富有个性和趣味性，而初学者画的线条大多显得趋同而乏味呢？

答：翻看他人画册时总有线条灵活生动、个性潇洒之感，反观自己所绘的线条往往顿觉乏味，这是很多初学者常会遇到的问题，但越是这么想，就越容易急躁，反而更不能潜心练习。不仅马克笔效果图的学习是这样，其他任何门类的艺术创作都会产生类似的现象。学习刚开始时，需在大量的临摹中积累经验，当能熟练地进行快速表达时，才有可能进入追求艺术表现个性的阶段。一开始就想要线条富有个性、趣味和艺术魅力，此乃空想也。初学者脚踏实地地分阶段、有目的、有计划地学习才是正道。

问：如何准确把握绘制对象的形体？

答：曾经学过绘画的人都知道用手比着一节铅笔可以测量所描绘的对象。实际上，这是在用铅笔做标杆对绘画对象进行分析，从而得出绘画对象在整体画面中的位置、绘画对象的比例，及其形体大致的几何组成等。把握绘画对象形体的方法有"几何法"和"结构法"两种。绘画时将铅笔竖起并闭着一只眼睛，然后用竖起的一节铅笔来观察和比对绘画的对象就是"几何法"；而用"结构素描"来表现形体的方法就是结构法。两种方法也可交叉使用，目的是尽可能快地检测出错误，以便及时予以调整和修正。

问：初学者如何尽快学会把握画面尺度与比例？

答：初学马克笔手绘技法时，可以在画面中用铅笔大致画出所绘对象的范围或轮廓，也可采用简单的几个点进行大致的定位，这样做能避免画面太过饱和或者太过空乏。建议初学者在 B4 纸上先画出 A4 的画幅，然后进行练习，这样有利于尽快学会如何解决画面的尺度及比例问题。

问：色彩方面如何训练？

答：任何画面都存在两个重要的方面：一是形，二是色彩。很多初学者急于求成，盲目地着色，其结果可想而知。任何训练都需要循序渐进，练习着色应从黑白灰三色开始，再逐渐向彩色过渡。黑白灰三色的色彩元素相对单纯，便于训练表达明暗、体块转折、画面前后虚实关系等的能力；在此基础上，可再逐渐过渡至以更多色彩着色的阶段。这样的训练过程对提高初学者的着色水平会更加有效。

第六章 | Chapter 6

效果图绘制原理及相关训练

第一节　透视画法与场景意识的建立

纸是平面的，画面如欲使人产生身临其境的感觉，首先需要有良好的构图。表现建筑景观时，须先从不同的角度进行观察，然后确定能最大限度地体现出建筑物特点的视角。总而言之，就是要求在景观写生时首先要做整体性的观察。只有经过完整的取景过程，才能决定如何取舍，以及如何将视角、视距等相关表现因素安排得当，这就是通常所言的"经营位置"的过程。观察、取景、构图三者在创作者的头脑中是密不可分的，对这些内容进行研究，有助于系统地建立场景意识，是优秀效果图表现的基础。手绘效果图在选景和构图时应注意以下几点。

1. 画面长宽比例关系的确定

效果图所描绘的建筑、景观、室内场景若呈扁平状，通常采用横幅构图，反之则用竖幅构图。我们要根据画面中描绘对象的不同长宽比例来确定构图（图 6-1—图 6-6）。

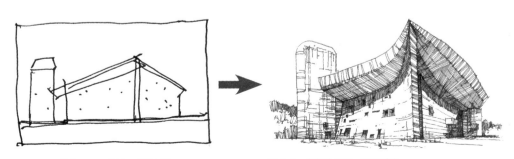

图 6-1　横构图画面分析　叶岸珺绘　　　　图 6-2　横幅效果图　邓师瑶绘

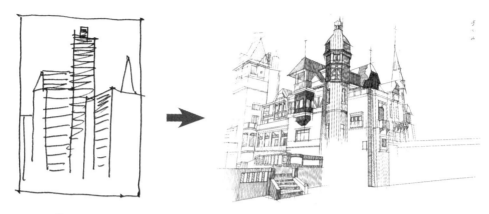

图 6-3 竖构图画面分析 叶岸珺绘   图 6-4 竖幅效果图 黄向敏绘

2. 避免等分场景的画面构图

中轴线等分的构图易使画面显得呆板，应灵活运用（图图 6-7—图 6-11）。

3. 画面角度的选择

角度，也称视角，对于主体的表现效果极为重要。若视角选择得当，主体的表现会事半功倍，创作者应尽量选择能够凸显主体物特征的角度。如果选择刻画主体的正面或正侧面，画面会显得平板而缺少变化，较难表达对象的主体特征及空间感。描绘对象主体的三分之二侧面通常是较佳的角度，选择此视角能使画面较为活泼、生动（图6-12—图6-15）。

图 6-5 竖幅效果图 柴丽敏绘

图 6-6 竖幅效果图 何良云绘（左图）、韩迪绘（右图）

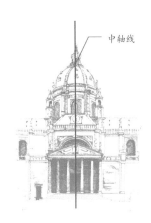

中轴线

图 6-7 表现主体位于等分画面的中轴线上，构图显得呆板，但突出了主体，应灵活运用。 杨雅茜绘（左图） 毕世波改绘（右图）

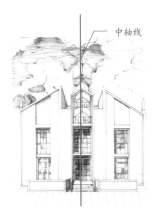

中轴线

图 6-8 表现主体位于等分画面的中轴线上，构图显得呆板，但天空中云彩的表现丰富了画面，起到了烘托主体的作用。 林钰珑绘（左图）、林钰珑绘（右图）

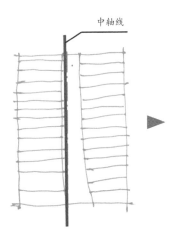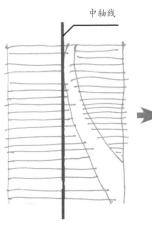

中轴线

中轴线

图 6-9 中轴线等分场景的错误构图法 叶岸珺改绘

图 6-10 避免中轴线等分场景的正确构图法 叶岸珺改绘

图 6-11 效果图案例 顾绍娟绘

视觉中心所处位置

图 6-12 视觉中心通常应位于画面中心的右上部，这样的画面较活泼、生动，不易显得呆板。瞿沛然绘

图 6-13 图 6-12 画面构图分析 毕世波改绘

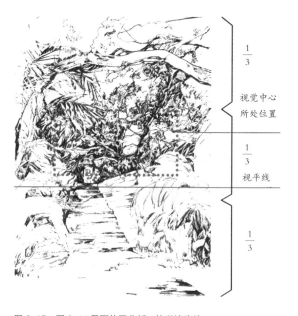

$\frac{1}{3}$

视觉中心所处位置

$\frac{1}{3}$

视平线

$\frac{1}{3}$

图 6-14 视平线向上的三分之二处也是常见的画面重点所在 顾绍娟绘

图 6-15 图 6-14 画面构图分析 毕世波改绘

不同的环境和景观空间有着不同的特点，手绘效果图场景意识的建立需要在练习中逐步掌握。面对复杂的空间变化，学习者需要勤于思考、多做练习并做到活学活用，力求绘制出构图、意境、艺术性三者都达到一定水准的效果图作品。

第二节　画面的经营

一、构图与取舍

艺术家为了更好地表现作品的美感，会在安排画面空间时把局部的形象按自己的逻辑重新组成富有艺术表现力的整体，此过程即为"经营位置"，在中国传统绘画中有"章法"或"布局"之称。通过将画面中各部分重新组合、配置并加以协调性整理，最终会形成一个艺术性较高的画面，这也是"经营位置"的最终目的。

构图学习中需要解决的问题包括：如何将多种不同的因素结合，重新组成所需的特定环境；各元素间既配合又对抗、既变化又和谐的关系在画面内在结构方面是如何起着稳固作用的；以及在平面上如何处理好高、宽、深之间的三维空间关系才能突出主题和增强艺术感染力等。就实际情况而言，手绘效果图的构图相对比较简单，只要遵循通常的章法，按照不同物体所占空间大小合理地安排画面即可。需注意，所绘主体对象占据画面的面积要适当，这样才能使画面主题突出，构图饱满、均衡且有空间感。构图中对各种因素及表现形式的合理运用是体现效果图艺术美的重要途径。因此，对画面的构图进行整体的构思，选择合适的透视形式及表现角度被视为效果图表现技法的首要步骤。

构图即"经营位置"时，首先要根据物体的造型特点、环境等因素决定其幅式。幅式有横式、竖式和方式之分。横式构图的画面显得开阔舒展，竖式构图具有高耸上升之势，使主体显得雄伟、挺拔，方（正）式构图的画面给人安定、大方、平稳之感（图 6-16、图 6-17）。本章第五节将对构图做进一步分析。

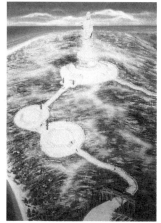

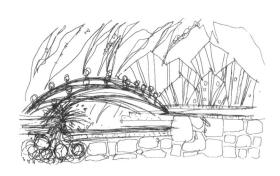

图 6-16 开阔舒展的横式构图 毕世波绘（上图）、李蔚青绘（中图、下图）

图 6-17 高耸挺拔的竖式构图 李蔚青绘（上图、中图）、阮闽阳绘（下图）

二、对比与疏密

一幅效果图的画面经营与表现应有主次、轻重、虚实之分，以形成画面的视觉中心。缺少视觉中心的画面会显得平淡、呆板。为了强调画面的视觉中心，构图者时常主观地突出某一区域，从而将观者的注意力引向突出表现的那一部分，即视觉中心部分，进而使画面产生主次分明或具有强烈聚焦感的效果。

通常情况下，画面主体即画面的视觉中心，在处理画面主次关系时要相对突出。刻画景物时，往往将画面主体（画面的视觉中心区域）作为重点进行描绘，配景部分则常以弱化和虚化的手法处理。对比强烈的虚实关系可以使画面视觉中心部分的内容表现得更加突出（图6-18）。

图6-18 画面中上部分的石桥及树木是刻画的重点，其余配景部分以写意的虚化法处理，以加强疏密对比的表现手法突出了视觉中心部分。 李蔚青绘

三、明暗与光影

光影赋予物体立体感，使画面的主体更加突出，有助于加强作品的视觉冲击力。绘图时，应根据不同的表现对象采用不同的画法和光影处理手法。

不同表现手法的手绘效果图均有其对应的光影处理方式，绘制者需果断而明确地选择。下面试举两例进行说明。

1. 综合画法——点缀光影

以线面结合为主的表现方法绘制的效果图，其画面既有建筑结构的严谨性，又因明暗层次丰富而充满空间感。此类效果图应在空间或物体的转折处适当点缀光影，以增强画面的明暗对比关系（图6-19）。

2. 明暗画法——强调光影

以线条的组合来表达景物层次的效果图，其画面具有更加强烈的体积感和更加真实的空间感。此类效果图需强调光影处理的真实性与合理性（图6-20—图6-22）。

图6-19　线面结合为主绘制并在物体转折处适当强调明暗对比的立面效果图　林跃勤绘（上图）、林志锋绘（下图）

图6-20　强调光影的效果图表现　孙晶晶绘

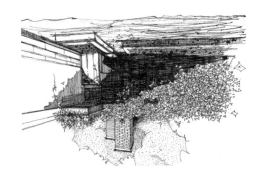

图 6-21　强调光影的效果图表现　吴雯瑜绘（上图）、赵祎群绘（中图）、李成绘（下图）

图 6-22　强调光影的效果图表现　袁亦尧绘（上图）、王立敏绘（中图）、吴雯瑜绘（下图）

第三节　色调与光影

一、基本概念及意义

　　绘制效果图时，初学者通常会凭着自身的认知水平，以熟悉的表现方式来经营画面。虽然一些有实力的艺术家能够凭借自己多年积累的经验熟练地驾驭画面，且创作出了一些色调、光影、明暗等诸方面皆优秀的作品，但终究多是依靠个人的习惯和经验来创作，容易导致画面"千人一面"。仅凭个人有限的认识和经验做判断会使效果图给人千篇一律之感，其实也是因经验主义而产生的固有思维使然。这种创作方式虽有其优势，却需耗费大量的时间来进行大量的艺术实践才能掌握，且多停留在经验主义的、仅解决了"是什么"问题的认知层面，而对"为什么"这一根本性问题未能予以科学的、深入的研究。因此，初学者若未对色调、光影、明暗等相关基础理论知识进行科学性的，有步骤、有计划的学习，就难免对画面的绘制与表现形成不全面的认识，甚至产生"只要画熟"就能创作出好的效果图作品的肤浅理解。

在构图、位置及虚实安排等相关内容的学习中，及时掌握均衡、调和、对比、节奏及韵律等的运用法则，显得至关重要。其中，对比这一表现手法能够有效凸显画面主次关系并强化视觉中心，创作者通过对疏密规律的把握能使画面效果愈加丰富，同时，此手法还能起到吸引观者注意力的作用。故而，本书将对比作为主要的形式美法则加以讨论。不同形式美法则的运用会伴生出不同的画面调性，从而产生不同的艺术效果，并随着表现方式的不同而呈现出丰富的变化。理解和掌握能对画面美感进行有效的控制的通识性法则，能使学习者因只顾"熟练"而走向僵化的单一性表现手法及思路得以改善。对此内容的学习能激发学生的积极性、主动性及探索欲，是效果图学习过程中的重要环节。

二、色调与光影的训练方法

1. 明度对比法

明度是画面最基本的评价元素之一，也是衡量效果图优劣的重要参照指标。不同明度的画面具有不同的调性，20世纪德国的包豪斯学派已对其进行了相当深入的研究，并将相关成果运用于艺术创作中。这种关于明度的研究方法有着很强的逻辑性、实验性及可操作性，随后迅速地影响了整个欧美地区，其学习和参考价值可见一斑。

明度，指物体的明暗程度，可量化为数值，作为绘图时的参照。画面中物体的明暗程度通常可划分为高调、中调、低调三种，不同物体形成的明度对比不同的画面效果又可归纳为高、中、低三种不同的调性（图6-23）。

若将一幅画面的表现内容视为一个方形的整体，占其一半以上面积的表现内容

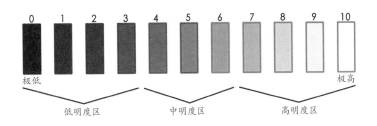

图 6-23　明度数值示意图　张奇勇编绘

的明暗程度（非物理层面的一半，而是指视觉心理层面的一半，下同）对画面的调性起着决定性的作用，该部分的调性便可视作画面的主调。如图 6-24 所示，占画面整体一半的 A 部分是决定画面整体明暗程度的部分，其调性可视为画面的主调；余下的面积是代表画面局部之间的明暗对比程度的 B 部分。依据 B 部分所包含的

B1 与 B2 两小部分对应的明度数值所形成的差额，还能将画面进一步细化出不同的明度类型。

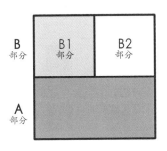

图 6-24　确定画面明度类型的示意图　张奇勇编绘

如果 A 部分以其明度的不同而被确定为高、中、低三种不同的调子，那么，B 部分的明度也可进行长、中、短的细分，并同样形成三种不同的调性。以图 6-25 为例，当 A 部分的明度值在 10 度至 7 度之间时，可称其为高调；当 A 部分的明度值在 6 度至 4 度之间时，可称其为中调；当 A 部分的明度值为 3 度至 0 度之间时，可称其为低调。进一步细

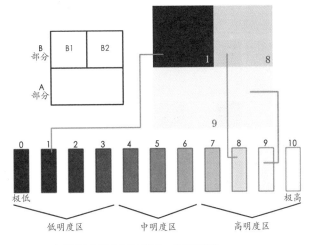

图 6-25　高长调调性形成条件示意图　张奇勇编绘

分，当 B 部分中 B1 与 B2 的明度差额大于 5 时，该部分可称为长调；当 B 部分中
B1 与 B2 的明度差额大于 3 且小于 5 时，该部分可称为中调；当 B 部分中 B1 与 B2
的明度差额小于 3 时，该部分可称为短调。

以高长调为例，"高"代表的是 A 部分明度值处于 10 度至 7 度之间，"长"代表的是 B 部分中 B1 和 B2 之间的差额大于 5。此外，为了进一步体现出明度变化的丰富性，还可将高长调的完整数值以定量分析表的方式呈现。该表格可呈现出高明度涵盖的约 60 种更为细分的且与之明度特征相符合的不同调性类型（图 6-26）。当然，还可细分出 100 甚至 200 种以上的不同调性，然而一方面无此必要，另一方面此举也会使学生陷入纯科学性定量分析的研究。本

图 6-26　高长调区域延伸出的约 60 种决定画面调性的量化指标参照表　张奇勇
编绘

节的研究与分析，目的仅为帮助初学者学会判定绘图时所需要的画面的调性，即解决如何确定画面调性这一问题。

图 6-27 为九种典型的明度类型，分别是属于高调的高长调、高中调、高短调，属于中调的中长调、中中调、中短调，属于低调的低长调、低中调、低短调。除高长调外，其余 8 种明度类型均可以相同的方法进行解析，在此不一一列举。另外，图 6-28 可以帮助我们更加系统地理解和分析此九种不同的明度类型。

调性的变化对画面的视觉效果起着决定性作用。通常，我们以上述

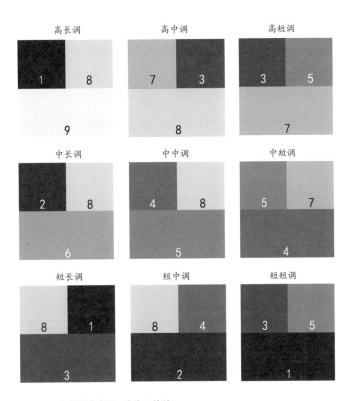

图 6-27 九种明度类型 张奇勇编绘

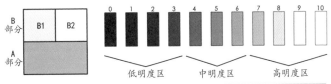

明度类型	调性	A部分	B部分(B1与B2之差额X)
高长调	高	10度—7度	X≥5
高中调	高	10度—7度	3<X<5
高短调	高	10度—7度	X≤3
中长调	中	6度—4度	X≥5
中中调	中	6度—4度	3<X<5
中短调	中	6度—4度	X≤3
低长调	低	3度—0度	X≥5
低中调	低	3度—0度	3<X<5
低短调	低	3度—0度	X≤3

图 6-28 九种明度类型关系示意图一 张奇勇编绘

九种典型的明度类型来概括或解释画面调性的"轻重"效果。下面通过对图 6-29
所示的九种不同调性的表达方式及其之间的相互关系做进一步讲授，力求使初
学者从宏观层面对画面明度形成更整体的理解，并在今后的艺术实践中能灵活
运用。

对明度类型的分析表明：这些隐含于画面内部并决定着画面调性的法则也影响
着画面的节奏美感，它们对画面的表现起着关键性的作用。现以绘制完毕的同一场
景效果图为例来对明度变化的效果做进一步分析，从中不仅可以清晰地看出同一张
图在九种不同的调性下呈现出的不同明度效果，还能明确地感到其所传达出的不
同视觉美感。由此，我们可以讨论明度对改善画面的单一性与单调感能产生怎样的
积极作用。

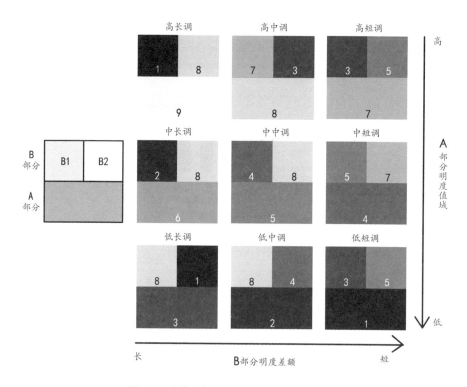

图 6-29　九种明度类型关系示意图二　张奇勇编绘

步骤一：选择一幅场景图片，作为画面调性变化练习的对象（图 6-30）。

步骤二：运用前文所述的九种不同明度类型进行调性绘制练习（图 6-31—6-39）。

步骤三：将绘制出的九种不同调性效果的画面进行编排缩样（图 6-40），并与九种不同明度类型的缩样（图 6-29）进行并置分析，即可看出，同一画面绘制调性的明暗程度不同，其所呈现出的视觉美感也是不同的。

本节通过对九种不同明度类型的基本知识的讲解，以及结合实例的简要研习，明确了调性在效果图表现技法中的重要性，使初学者绘图时常见的灰、暗、脏之问题得以有效地预防和改善，同时也使初学者对绘图方法的重要性有了更加深刻的理解，为今后驾驭更加复杂的画面奠定了坚实的基础。当然，在进行有关明度的学习和实践时，还须客观看待，切勿机械式地理解。只有做到了活学活用，方能得心应手地进行效果图的绘制。

图 6-30　选择作为练习对象的空间场景图片

图 6-31　高长调绘制效果　黄向敏绘　张奇勇改绘

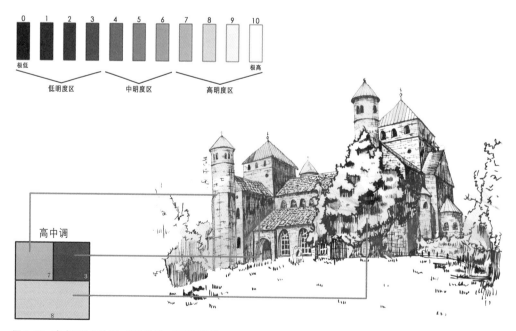

图 6-32　高中调绘制效果　黄向敏绘　张奇勇改绘

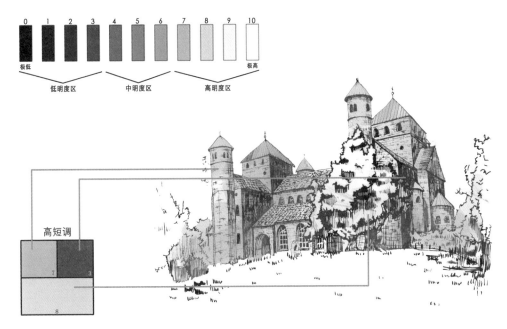

图 6-33　高短调绘制效果　黄向敏绘　张奇勇改绘

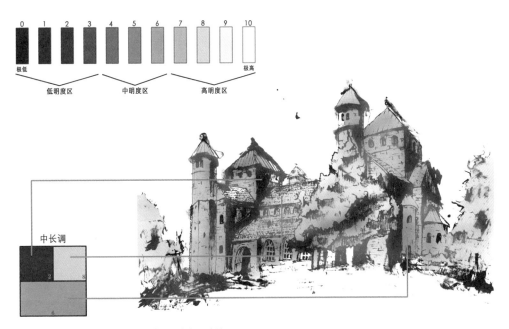

图 6-34　中长调绘制效果　黄向敏绘　张奇勇改绘

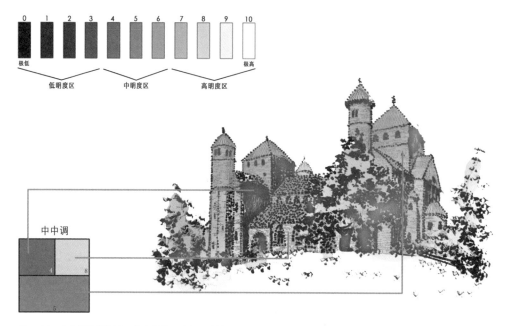

图 6-35 中中调绘制效果 黄向敏绘 张奇勇改绘

图 6-36 中短调绘制效果 黄向敏绘 张奇勇改绘

图 6-37　低长调绘制效果　黄向敏绘　张奇勇改绘

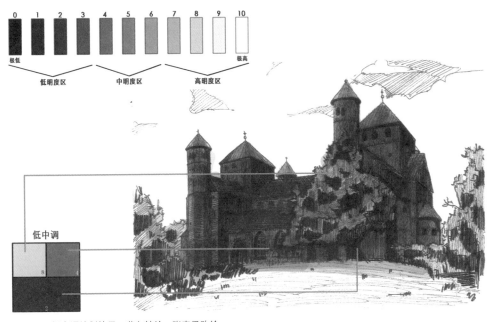

图 6-38　低中调绘制效果　黄向敏绘　张奇勇改绘

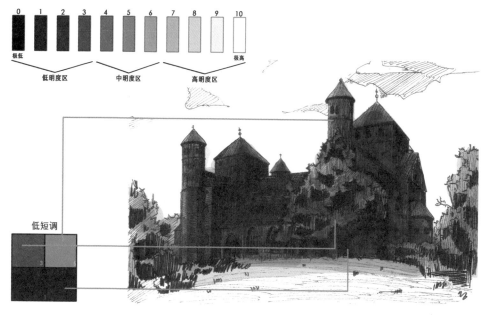

图 6-39　低短调绘制效果　黄向敏绘　张奇勇改绘

图 6-40　九种不同调性效果的画面缩样图　黄向敏绘　张奇勇编绘

第四节　虚实与节奏

一、虚实与节奏的概念及应用

虚实与节奏其实是较为抽象的概念，此二者是画面产生丰富变化的条件，且对划分画面整体的黑白关系影响很大。众多初学者因尚未系统地掌握该理论而导致画面混乱，因此，处理好虚实与节奏的关系是一个重要的学习环节。

虚实指对画面内容或详细或概括、或复杂或简洁、或面面俱到或点到为止的不同刻画程度。虚与实是相对而言的，虚多指画面呈现出的概括、简洁或点到为止的低程度刻画之部分，而实多指画面呈现出的相对详细、复杂或面面俱到的刻画程度较高之部分（图6-41、图6-42）。

节奏原指音乐中乐音强弱、长短有规律地交替出现的现象。在绘画语言中可将节奏理解为能使画面产生韵律感的视觉法则。良好的画面能将其表现内容以富含节奏感的形式整体地呈现出来。画面的节奏感通常蕴含在虚实的表现手法中。在绘

图6-41　画面虚实示意图一　胡牧怡绘　张奇勇改绘

画领域中，就视觉流线而言，大致可分为横向节奏与纵向节奏两种节奏形式（图6-43、图6-44）。

　　图6-43中右图空白框之虚的部分是指效果图中刻画较为概括的部分，灰色框之实的部分是指效果图中刻画较为具体的部分。该图呈现出了从左至右交替变化的

图6-42　画面虚实示意图二　胡牧怡绘　张奇勇改绘

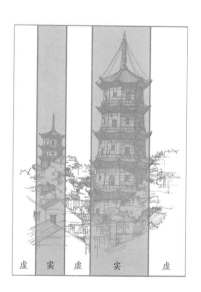

图6-43　横向节奏效果图及其虚实变化分析图　邓师瑶绘　张奇勇改绘

"虚—实—虚—实—虚"的画面虚实关系，这种虚实变化是画面能产生节奏美感的主因，对效果图的绘制有着深刻的影响。同理，图 6-44 所呈现的纵向节奏的虚实关系对效果图画面的表现也有着重要的意义。

另外，同一幅图画亦可由纵向和横向两种不同的虚实关系组成，即一幅画面中同时存在横向节奏和纵向节奏两种视觉流程关系（图 6-45）。

效果图原图

图 6-44　纵向节奏效果图及其虚实变化分析图　邓师瑶绘　张奇勇改绘

纵向节奏效果图虚实变化分析

效果图原图

横向节奏效果图虚实变化分析

图 6-45　同一画面中两种不同节奏的虚实关系示意图　邓师瑶绘　张奇勇改绘

由此可知，同一画面的节奏关系，不仅可采用横向节奏来理解，亦可采用纵向节奏来分析，这可以为初学者经营画面的节奏变化提供参考。

通过上述分析可以发现，节奏组成关系越丰富，画面整体美感越强烈，即将同一画面的纵向节奏和横向节奏并置起来分析，其虚实关系的变化对丰富画面的节奏美感有着深刻的内在意义（图 6-46）。

效果图画面的纵向节奏及横向节奏两种视觉流程对画面整体美感的形成是极其关键的，对其规律的分析和研究对效果图绘制的初学者有着相当重要的参考价值。

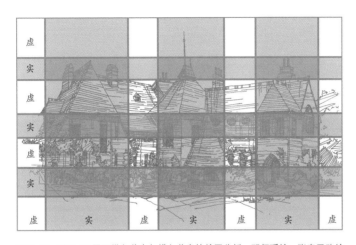

图 6-46　图 6-45 画面纵向节奏与横向节奏的并置分析　邓师瑶绘　张奇勇改绘

二、客观环境中真实存在的节奏与虚实关系分析

在客观的生活环境中，无论是自然环境还是人文环境，都存在着有节奏的虚实关系，尤其是那些设计师主观处理后而具有一定审美效应的环境空间。其实在多数情况下，客观环境已然蕴含了虚实处理得体、节奏变化丰富的设计，只不过观者未察觉罢了。初学者如能及时地认识到此问题的重要性，并在绘制时予以体现，有助于使效果图的画面更为丰富。下面，以民居建筑考察中收集到的一幅真实环境图片为例，对其画面虚实关系进行解析。将图 6-47 中上部精致的歇山式屋顶视为画面实的部分，那么简洁的建筑立面和柱身则可视为画面虚的部分；若将其精心雕琢的柱础和建筑脚线部分视为画面实的部分，那么简洁的台基则可视为画面虚的部分（图 6-47—图 6-49）。

图 6-47　真实生活环境一隅　张奇勇摄

若上述逻辑关系是成立的，图 6-47 中隐含的整体虚实关系则应是以"实—虚—实—虚"之纵向节奏流程而存在的。由此可知，在进行效果图绘制时，首先应遵循"实—虚—实—虚"之纵向节奏流程关系，这样才能更好地表现其视觉美感（图 6-50）。

精致的歇山式屋顶（实之部分）

简洁的立面与柱身（虚之部分）

精雕细琢的柱础与脚线（实之部分）

简洁的台基（虚之部分）

图 6-48　图 6-47 的虚实关系节奏分析图　张奇勇编绘

图 6-49　经虚实关系节奏分析后绘制的效果图　张奇勇绘

　　此外，如果细分之，图 6-47 中的虚实关系还可采用横向节奏的"虚—实—虚"的视觉流程来呈现（图 6-51）。因此，在进行效果图绘制时，不仅要对其纵向节奏进行分析，还要顾及其横向节奏。总之，初学者在此阶段的学习中，应从宏观层面对上述两种基本的节奏关系加以理解，在效果图绘制中做到活学活用（图 6-52、图6-53）。

图 6-50　图 6-49 效果图画面纵向节奏分析图　张奇勇编绘

图 6-51　图 6-49 效果图画面横向节奏分析图张奇勇编绘

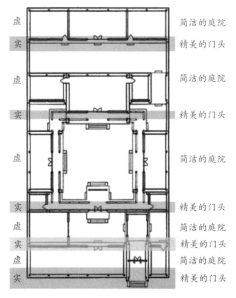

图 6-52　建筑平面空间布局之虚实关系分析图张奇勇编绘

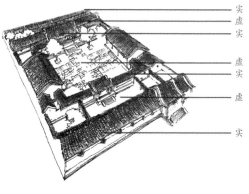

图 6-53　与图 6-52 对应的建筑立体空间布局之虚实关系分析图　张奇勇编绘

三、画面中的虚实与节奏关系

由于虚实与节奏在画面中的呈现方式是多样的，因此，画面的安排与经营也应有相应的变化。同一场景，虚实关系的处理方式不同，会产生相异的绘制效果。以图 6-54 中的四幅样图为例，采用不同虚实关系与节奏的四幅画面，其明度效果是明显不同的，视觉美感亦有着相当大的差异。但每一幅画面呈现的虚实关系及节奏均是恰当的、合理的，因此，不同的明度、节奏、虚实变化并没有使画面显得混乱而缺乏美感。

鉴于此，在进行实地写生时，应在动笔前对所描绘对象进行虚实划分，避免不假思索地提笔便画或盲目地做大量描绘性的练习。理性地对画面的虚实关系进行分

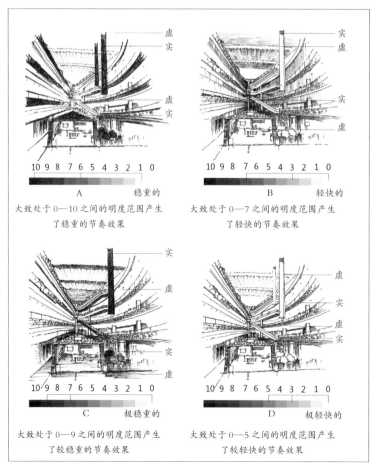

图 6-54　同一场景的四种不同虚实关系与节奏效果示意图　张奇勇编绘

析对创作一幅优质的效果图而言十分重要，绘制者只有在理性地看待客观事物的基础上再进行感性地表达，才能达到真、善、美统一的艺术境界。

本节对画面虚实关系与节奏的分析，其目的一是加强初学者对效果图画面的掌握能力，二是使其在实际写生过程中逐渐养成善于观察和思考的作画习惯。人们常说熟能生巧，对专业实践者而言，"巧"往往融汇于"熟"之中。而就初学者而言，应对"巧"做进一步理解与掌握，做到"先巧而后熟"，此时"巧"的含义就是指上述对画面虚实与节奏规律的学习。对此部分内容的学习不仅能帮助绘制者丰富画面效果，还能使作画过程变得更生动有趣、得心应手，也有利于学习者今后形成自己的个人风格。

第五节　构图详解

一、构图的定义

构图是艺术创作中的重要内容，《辞海》中将其定义为：某物的组成或合成的画面，抑或指艺术作品的结构。构图是一种能使艺术作品整体和谐且局部突出的画面经营手法，是造型艺术表达创作者思想，并使作品具有艺术感染力的一种重要手段。在绘画领域中，构图是指筛选出描绘的最佳客观物象、安排各物象之间的位置关系以及确立画面视觉中心等相关内容。总而言之，构图就是对画面中各物象细心经营，并对其空间关系进行构思的过程。

二、中西方绘画艺术中的构图

中国传统绘画中对构图的重视由来已久，且专著颇丰。早在南朝时期，著名绘画理论家谢赫在《古画品录》中就提出了研习和欣赏绘画的"六法"：一曰气韵生动，二曰骨法用笔，三曰应物象形，四曰随类赋彩，五曰经营位置，六曰传移模写。其中，"经营位置"可理解为在画面中精心安排、巧妙布置各类绘制对象。在之后的中国传统绘画中，"构图"被约定俗成地称为"章法"或"布局"。现代文学家钱锺书为进一步强调构图的重要性，曾在其古文笔记著作《管锥编》中重新对相关文句做了注解："经营，位置是也"，旗帜鲜明地将"经营"之概念比作画面中各物象的"位置"安排。由此，历代艺术家对"构图"一词的内涵及外延之重视从中可见一斑。

在西方艺术界，"构图"的英文表述为"Composition"。前缀"Com"有一起、共同、完全之意，而"position"则指位置、方位等。由此可见，"Composition"包含了组成、复合、构造、成分、创作、文章等多种词义。"构图学"作为一门绘画专业的必修课程，广泛地开设于各美术院校中。另外，美术史上亦有诸多深谙构图之道的艺术大家，文艺复兴时期被誉为"绘画三杰"之一的拉斐尔就是此方面的高手。他擅长以恰当的构图手法表现画面内容，从而使作品在视觉上具有更为耐人寻味的艺术效果。以《阿尔巴圣母像》为例，画面中三个人物的目光在图 6-55 中的CD 线段上来回交汇，这种构图形式使人物之间产生了交流。另外，将三个人物以稳定的三角形构图来"经营"，突出了画面的庄严气氛，进而达到了形式美与内容美的统一。画家将整体构图悬于远处消失的地平线上，即图 6-55 中的 A、B 两条水平线，并以 C 点为顶点，分别连接 D、E 两端，这样，三个人物动态就被安排在了三角形 CDE 之中，形成了十分稳定且经典的三角形构图，此构图法被广泛地运用于不同艺术作品的创作中。20 世纪德国包豪斯设计学院的教师约翰·伊顿也曾将名作解析作为构图的主要讲授方式，该课程引导学生学习经典名作中的优美构图，并将其运用到自己的绘画练习和创作之中（图 6-56）。

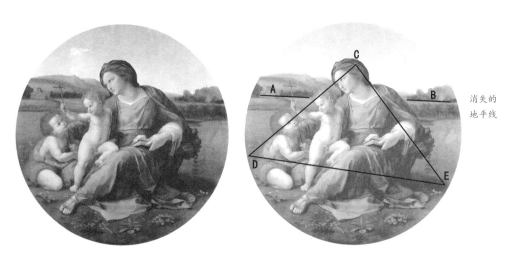

消失的
地平线

图 6-55 《阿尔巴圣母像》三角形构图手法分析图 张奇勇编绘

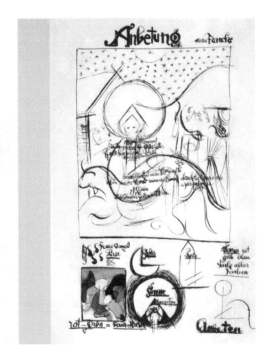

图 6-56　约翰·伊顿的名作解析课程稿件（局部）

从以上中西方艺术的相关论述中可知，虽然要义不尽相同，但均极为重视对构图的认知、理解及运用等方面的研究。

三、构图的原则

当绘制对象的位置确定之后，进一步的构图问题便接踵而至。如前文所述，巧妙的构图能优化画面，而随意、草率的构图会使画面陷入混乱的窘局。构图是多数初习绘画的学生常掉以轻心的环节，因此，在绘制效果图前，如能系统地学习构图原则，不但可以避免画面重心偏移、主次混乱等不良现象的产生，还有助于创作出更具审美价值的图画。

画面构图通常遵循对比、均衡、黄金分割等原则，下面做简要介绍。

1. 对比原则

当诸多物象并置于画面上时，选择其中一个或某些局部，使之较为突出，或对美感较佳的物象重点描绘，通过鲜明的对比形成整体画面的视觉中心，这是对比原则常用的表现手法。使用该原则时应注意，对比的强度不宜过大，以免画面出现局部过于突兀或"花"的现象，从而导致画面整体不协调。

2. 均衡原则

此处的均衡，是指画面中从左至右或从上至下的物象在视觉体量上的平衡关系。需注意，其与绝对等分的概念是不同的，均衡常表现为画面在心理上给人一种平衡感，而等分则多体现为物理上所形成的平衡感。前者更具灵活性，而后者稍显呆板（图 6-57、图 6-58）。

3. 黄金分割原则

黄金分割原则的形成最早可追溯至古希腊的毕达哥拉斯学派。它是一种线性的划分，一种几何图形的比例关系。具体来讲，若将对象整体一分为二，其中较长部分与整

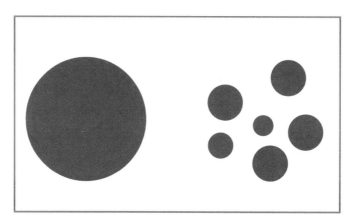

图 6-57　给人心理上的均衡感的画面视觉效果　张奇勇绘

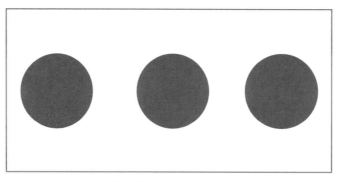

图 6-58　物理上等分的画面视觉效果　张奇勇绘

体部分的比值等于较短部分与较长部分的比值，也就是如图 6-59 所示的 AB 线段与 AC 线段之比等于 BC 线段与 AB 线段之比。该比值约为 0.618，被公认为最符合人的视觉美感的比例，故而有着黄金分割这一雅称。若将此概念延伸，可将其用于决定主景或视觉中心的位置。由于该比值在画面中不必做到分毫精确，故常运用 3 ∶ 7 这一大致比例，即画面中某段较短部分（BC 线段）与较长部分（AB 线段）之间的比值约为 3 ∶ 7，亦称三七律。构图形式符合该比值的画面较能呈现出良好的视觉美感，满足大多数人的审美取向（图 6-60、图 6-61）。

图 6-59　黄金分割示意图　张奇勇绘

图 6-60　三七律示意图　张奇勇绘

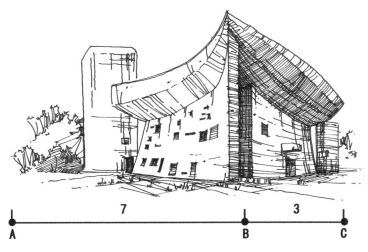

图 6-61　以三七律原则绘制的效果图　邓师瑶绘　张奇勇改绘

四、构图的形式

根据前文所述的构图原则，可推演出若干种常见的构图形式，如水平式、垂直式、三角形式、S形式、环形式和四点式。

图 6-62　水平式构图示意图　张奇勇编绘

图 6-63　水平式构图画面分割示意图　张奇勇绘

图 6-64　水平式构图效果图　张奇勇绘

1.水平式构图

水平式构图也被称为横式构图，其主要在水平方向安排绘制对象，画面整体给人平坦、宽敞、开阔的视觉效果，适合表现较为深远、宽阔的场景。水平式构图的画面亦需运用黄金分割原则来确定主景或视觉中心的位置，以求得心理上的视觉平衡。需注意的是，若水平方向上描绘对象的高差较小，使用该原则就会导致画面过于平整单调，此时，可主观地调整某些景物的位置或比例（图6-62—图6-64）。

2.垂直式构图

垂直式构图即竖式构图，是与横式构图相对应的一种构图形式，多用来描绘高差较大且相对狭小的空间环境。此种构图给人一种高耸屹立之感，较为适合表现摩天大楼或高山流水的自然景观（图6-65、图6-66）。

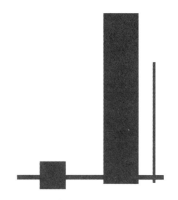

图 6-65　垂直式构图示意图　张奇勇编绘

图 6-66　垂直式构图效果图　郑闽鹏绘（左上图）、王典绘（左下图）、赵祎群绘（右上图）、郭怡歆绘（右下图）

3. 三角形（品字形）式构图

三角形式构图是一种视觉上相对稳定且较能突出视觉中心的几何构图形式。诸多绘画名作采用此种构图手法，前文提到的拉斐尔所绘《阿尔巴圣母像》是其中的典型代表。三角形式构图还可分为正三角形式和自由三角形式两种（图 6-67—图 6-72）。

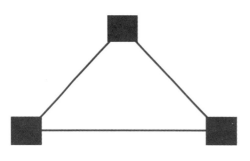

图 6-67　正三角形式构图示意图　张奇勇编绘

图 6-68　正三角形式构图效果图一　潘高胜绘（左图）、邹喆绘（右图）

图 6-69　正三角形式构图效果图二　潘高胜绘（左图）、邹喆绘（右图）

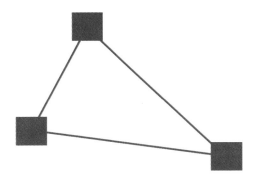

图 6-70　自由三角形式构图示意图　张奇勇编绘

图 6-71　自由三角形式构图效果图　张奇勇绘

图 6-72　自由三角形式构图效果图　胡颖绘（上图）、姚彦蓓绘（中图）、黄秀慧绘（下图）

4. S 形式构图

S 形式构图有助于画面空间的延伸，能加强画面的韵律感和进深感，进而使画面产生优雅、空旷的视觉效果。此构图法常用于含有溪流、河水、道路等的空间环境效果图的表现（图 6-73—图 6-75）。

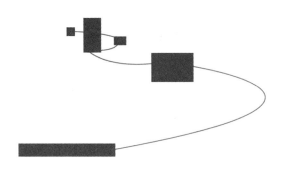

图 6-73　S 形式构图示意图　张奇勇编绘

图 6-74　S 形形式构图效果图　张奇勇绘

图 6-75　不同变化的 S 形式构图效果图　文进宇绘（左图）、王益能绘（中图）、罗毓绘（右图）

5. 环形式构图

　　环形式构图能使画面空间产生一定的围合感，且能使景物与景物之间呈现出相互咬合或首尾相连的状态。但适用于此种构图表现形式的真实空间相对少见，故其运用并不广泛（图 6-76、图 6-77）。

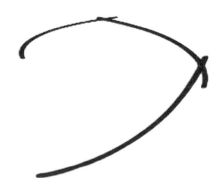

图 6-76　环形式构图示意图　张奇勇编绘

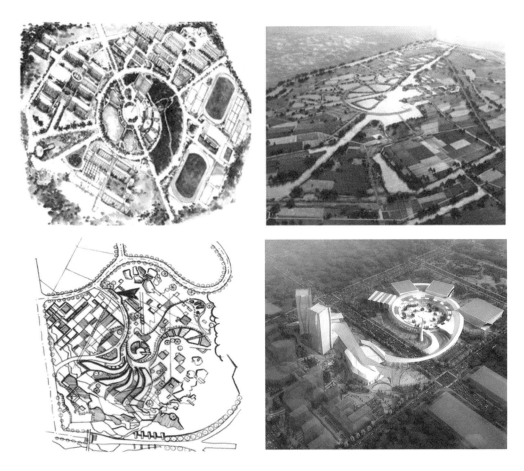

图 6-77　环形式构图效果　张奇勇绘（左图）、魏超绘（右图）

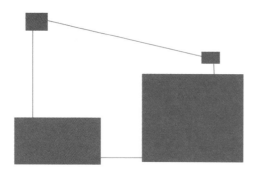

图 6-78　四点式构图示意图　张奇勇编绘

6. 四点式（矩形）构图

在四点式构图中，描绘对象被分解为四个或四个以上的部分。此构图法能相对灵活地经营画面，描绘对象不同的位置安排，最终会使效果图产生不同的艺术效果（图 6-78、图 6-79）。

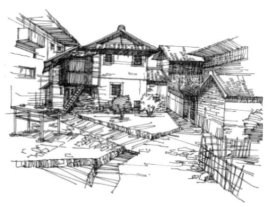

图 6-79　四点式（矩形）构图效果图　张奇勇绘（上左图）、靳昕绘（上右图）、邓师瑶绘（下图）

综上所述，良好的构图形式对效果图的绘制大有裨益，是初学者学习内容中重要的一部分，有助于创作者提高画面的美感。因此，将常用的构图形式进行梳理，并对其做深入地分析和理解是十分必要的（图6-80）。

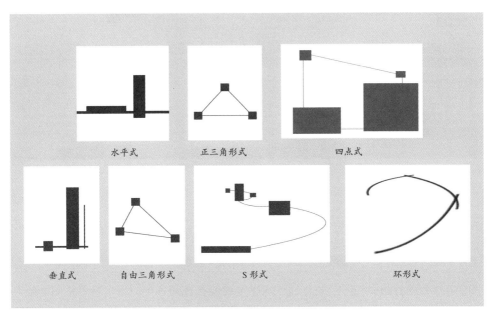

图6-80　常见构图形式示意图　张奇勇编绘

7. 常见的错误构图

在效果图的绘制过程中，忽视构图的重要性会导致一些不良的视觉效果，使得最终的画面失去视觉美感，而初学者作品中常出现的错误构图形式有六种，如图6-81所示。这些构图问题通常在效果图绘制完毕后才会被察觉。因此，如能对这些常见的构图问题进行归纳，并在绘制开始时就加以规避，那么，效果图绘制的成功率将得到有效的提高。

构图是效果图创作的必经之路和重要一环。采用适合所表现对象的构图形式既可以强化画面的视觉美感，又有助于准确呈现绘图者的意图、情感及思想。相反，不恰当的构图不仅会使画面显得杂乱无章，还会让学习者产生相当大的心理负担。这样，不但最后的画面效果难以保证，创作也可能因此半途而废。故而，在刻画细

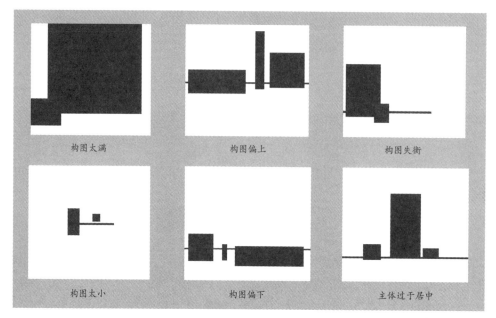

图 6-81　六种常见的不良构图形式　张奇勇编绘

节前选择合理的画面构图形式并理性地思考可能存在的各类问题，对效果图的绘制是十分必要的。

第六节　效果图案例欣赏

　　本书选择的效果图案例中，既有平面图、剖面图式的表达，又有不同透视效果的表现；在表现技法方面，既有水彩、水粉、喷绘、计算机软件辅助设计等单一技法的绘制，也有不同技法的综合表现，其目的是能较全面地呈现不同表现风格的效果图的艺术魅力。另外，本节特意选择了不同实用功能的空间效果图，既有常规室内空间的不同画种或画法的表现，又呈现了大型空间项目从图稿直至落成的过程，其目的是让读者能够了解效果图在不同空间表现中的作用，并感受效果图表现技法与当下时代的关联性。效果图的表现技法与研究内容也在不断地更新，这些将在接下来的第七章、第八章中进一步地阐明。

图 6-82　马克笔绘制的室内外环境效果图　沙佩绘

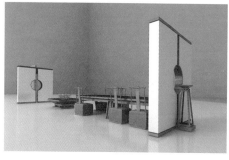
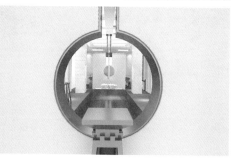

图 6-83 计算机软件辅助绘制的空间设计效果图 孙继忠绘

图 6-84　水彩、水粉及透明水色等综合媒材绘制的室内空间设计效果图　施宏伟绘

图 6-85　水彩、水粉、马克笔等综合媒材绘制的建筑及室外环境效果图　林跃勤绘

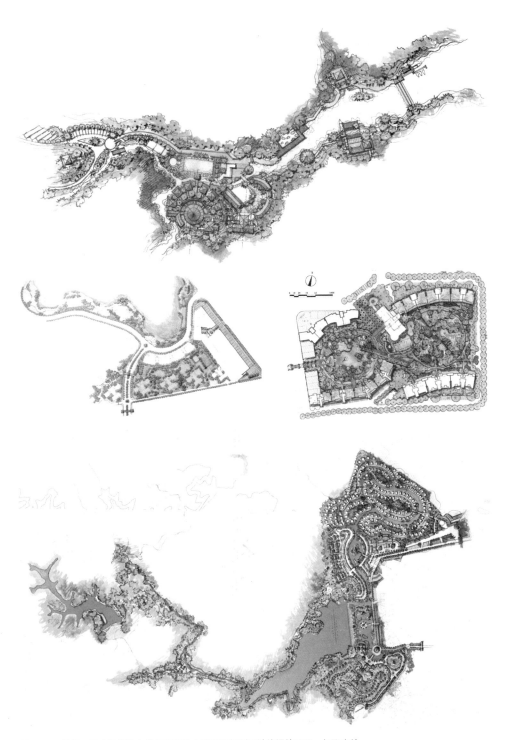

图 6-86　彩铅、马克笔等综合媒材绘制的大型环境规划设计俯视效果图　何飞生绘

方案设计效果图

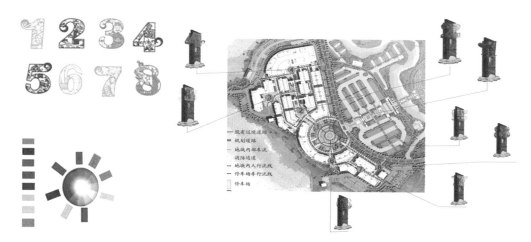

八个数字牌分别为八个不同的色调　　放置点规划设计效果图

制作　　　　　　　　　　项目完成

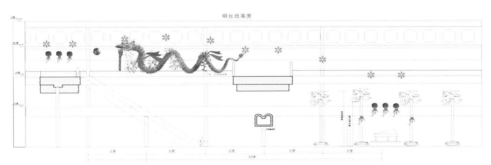

国内/国际到达厅悬挂效果示意图　1:100

方案设计效果图

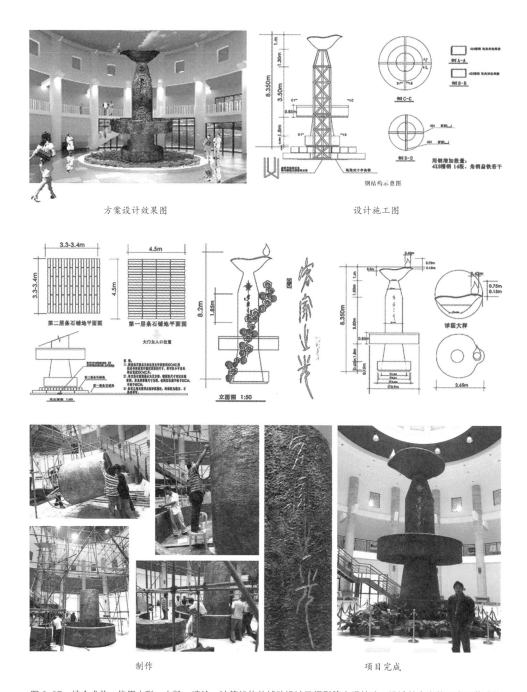

方案设计效果图　　　　　　　　　　　　　　　　设计施工图

制作　　　　　　　　　　　　　　　　项目完成

图 6-87　综合或单一使用水彩、水粉、喷绘、计算机软件辅助设计及摄影等表现技法，设计从方案构思直至落成的效果图表现。　李蔚青绘

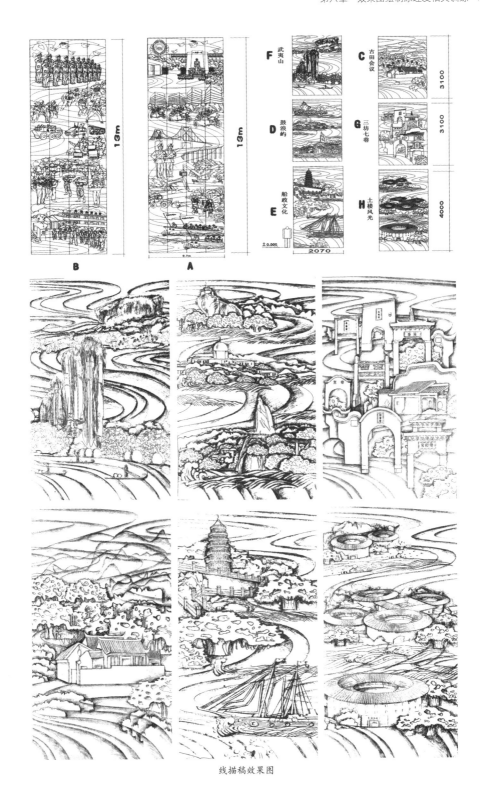

线描稿效果图

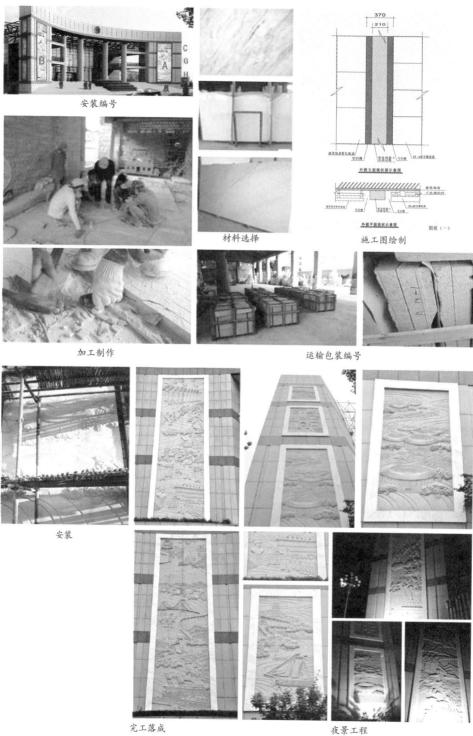

安装编号

材料选择

施工图绘制

图纸（一）

加工制作

运输包装编号

安装

完工落成

夜景工程

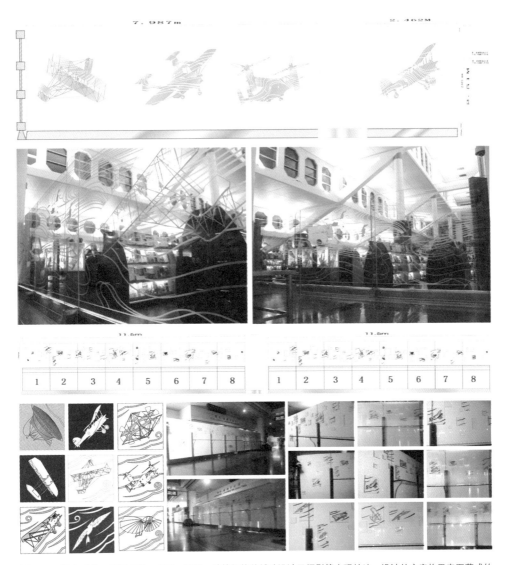

图 6-88　综合或单一使用水彩、水粉、喷绘、计算机软件辅助设计及摄影等表现技法，设计从方案构思直至落成的效果图表现。　李蔚青绘

效果图表现技法的拓展性训练

在经历了基础性课程及相关理论的学习之后，本章将进入效果图绘制的具体实训阶段。实训是领会理论重要性的必要手段，也是解决效果图绘制中所遇问题的重要学习阶段，更是形成自身艺术表现风格的必然途径。在商业竞争和项目争夺日益激烈的今天，设计师仅拥有良好的基本功、熟练的表现技法是远远不够的，还必须拥有对效果图绘制的独到见解并逐渐形成自己独特的表现风格，这样才能适应未来社会审美需求更加多元化的发展。在高等艺术教育本科阶段的学习中，学生不仅应掌握效果图绘制的一般性常识，如正确的透视和比例、熟练的表现技法等，还要对艺术观及多元的艺术表现风格等方面进行拓展性的训练，从而形成全面的艺术认知。虽然学习者可能会受学艺时间不长、基本功不扎实或经验不足等诸多因素的困扰和限制，但教育者必须从全方位多角度予以引领，其目的是帮助学生达到一个新的高度或为其指明未来发展的新方向。这样做一方面避免了学生满足于自己已取得的阶段性收获而止步不前；另一方面，多元的风格和创作思想的引导和鼓励也有助于学生发现自己的不足。另外，这种"创作——发现——再创作——再发现"的教学模式，可以帮助学生预见未来可能会遇到的问题，并通过自己的成长轨迹准确判断未来的发展目标和方向。

在理论学习的基础上，本章借由不同的表现技法及教学方式来探索新的效果图艺术表现方法及风格的可能性，并借助"常规性客观描绘法"（简称"常规描绘"）和"非常规性主观描绘法"（简称"非常规描绘"）的概念来进行详细讲解。

第一节　常规性描绘法

一、常规性描绘练习

1. 基本要求

运用钢笔、铅笔等常用工具对照片中的景物进行客观的描绘。

2. 作业要求

（1）将学生（以40—50人计）分为四至六个组别，以研究小组的形式进行学习。

（2）每一小组在网络上寻找或实地拍摄一些真实环境的照片，然后根据这些照片进行不同表现形式的效果图绘制训练（图7-1—图7-2）。

（3）搜寻或拍摄的照片中应包括远景、中景、近景或三者合一的不同景别，所涉内容可多元化，现代建筑、传统建筑、都市或田园风光等均可，避免因选择对象的单一而导致画面效果单调。

（4）练习时可使用B5大小的复印纸。

（5）指导教师：李蔚青。

（6）课程时长：4周，48学时。

图 7-1　不同组别的学生搜寻或拍摄的不同内容、景别的拟描绘场景照片素材一

图 7-2 不同组别的学生搜寻或拍摄的不同内容、景别的拟描绘场景照片素材二

3. 作业赏析

图 7-3 不同材料、肌理的常规性描绘与表现 孙晶晶绘

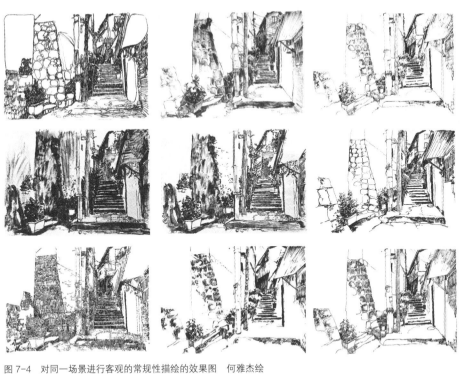

图 7-4 对同一场景进行客观的常规性描绘的效果图 何雅杰绘

图 7-5 对同一场景进行客观的常规性描绘的效果图 邓灏璇绘

　　本阶段学习和训练的目的是让学生通过对图片内容进行客观性的描绘，检验自己的手绘水平，为下一步表现技能和风格的提升做好技术及思想方面的准备。这种常规性描绘法易学习、易掌握且无需动用太多脑筋，只要能照本宣科地描画出客观对象即可。但如果长期进行此种常规性的写生、再现式的训练方式而不顾及思想认知方面的提升，会使学生的思路误入被客观对象"牵着鼻子走"的歧途，从而造成千人一面的单一风格。这不利于多元化艺术风格的形成，也不符合对学生进行全方位艺术培养的教学要求。因此，在常规性描绘训练之外还应进行非常规性描绘训练，也就是主观性的描绘训练，其目的是在前者的基础上进一步提升学习者的综合认知水平及综合表现能力。

第二节　非常规性描绘法

　　非常规性描绘法要求学生发挥个人主观能动性，在对客观对象进一步理解的基础上，使画面呈现出更加丰富的艺术表现力或艺术表现风格。这是在客观再现性表现基础上对审美的再思考和更高追求，也是对效果图的表现技能、表现风格以及表现对象的进一步理解和诠释。非常规性表现手法更能考验作者的概括能力、构图能力、造型能力，以及在发挥出主观能动性的基础上对客观景象进行艺术表现上的提升和再创造的能力。

一、非常规性描绘练习之一

1. 基本要求

　　（1）结合前面章节中有关"画面调子"的理论进行具体的实践性学习。

　　（2）勿被所选图片中真实的物象所迷惑，通过细致分析和揣摩，以超越真实图景的方式对其进行表现，即要打破仅能对图景进行客观真实描绘的表现水平的局限。

2. 作业要求

　　（1）选定一幅图景，绘出3—5种不同调子的画面，通过将其与真实图景相比较，体会效果图表现的内涵。

　　（2）以钢笔或铅笔作为表现工具（图7-6—图7-11）。

（3）使用 B5 大小的复印纸绘制。

（4）指导教师：李蔚青。

（5）课程时长：4 周，48 学时。

图 7-6　画面调子的变化可以使同一景别呈现出不同的艺术效果　何梓璇绘

3. 作业赏析

高短调

中短调　　　　　　　　中中调　　　　　　　　中长调

低短调　　　　　　　　低中调　　　　　　　　低长调

0　1　2　3　4　5　6　7　8　9　10
极低　　　　　　　　　　　　　　　　　极高
低明度区　　　中明度区　　　高明度区

图 7-7　画面调子的变化可以使同一景别呈现出不同的艺术效果　郭民浩绘

中中调   中长调   高短调

中短调   中中调

图 7-8　画面调子的变化可以使同一景别呈现出不同的艺术效果　才布吉乐绘

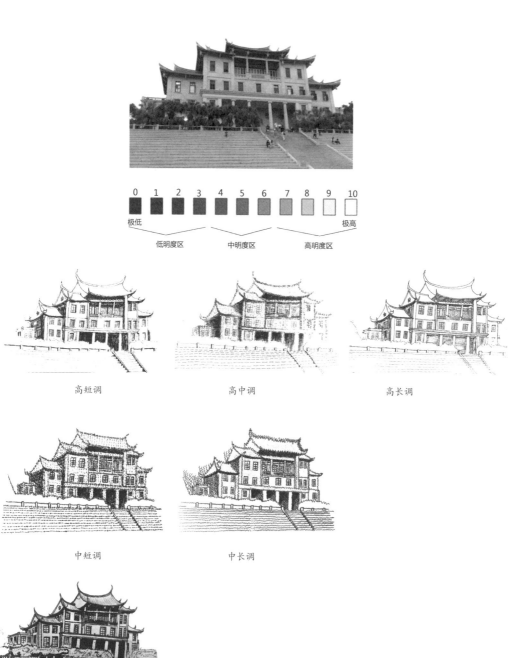

图 7-9 画面调子的变化可以使同一景别呈现出不同的艺术效果 邓超绘

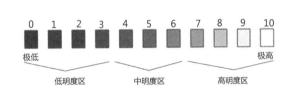

高短调

中短调　　　　　　　　　　　　　　　中中调　　　　　　　　　　　　　　　中长调

低中调　　　　　　　　　　　　　　　低长调

图 7-10　画面调子的变化可以使同一景别呈现出不同的艺术效果　黄颐鹏绘

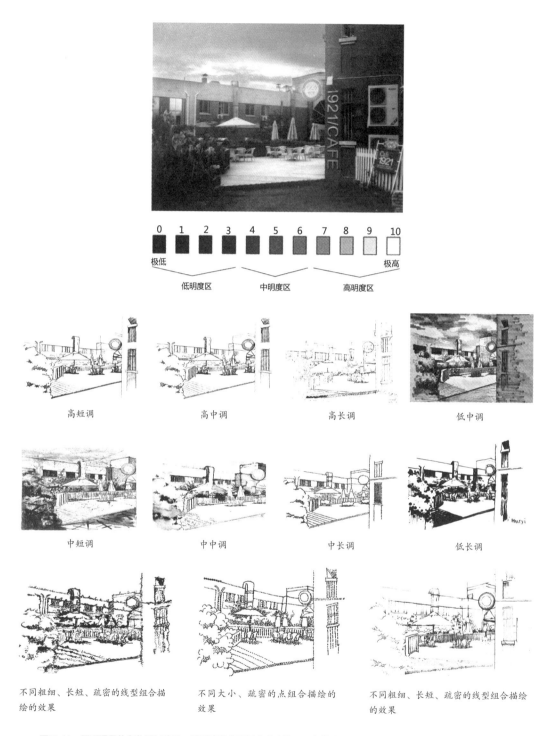

图 7-11　画面调子的变化可以使同一景别呈现出不同的艺术效果　胡牧怡绘

二、非常规性描绘练习之二

本练习鼓励学生在教师的示范和引导下以不同线型、不同工具对效果图的表现技法和风格进行尝试与探索。这种以不同性格的线型来进行效果图绘制的手法也是非常规性描绘练习的重要内容，它需要学生对"线型"这一概念有进一步的认识。线型有常用线型与非常用线型之分，常用线型是指采用钢笔、铅笔等常用工具，根据客观对象的外形绘制所得到的笔迹（图7-12—图7-15）。

常用线型的相关表现技法最为常见，其绘制效果具有客观、准确的特点，不足之处是以此线型所绘之效果图往往给人以"千人一面"之感。因此，绘制者须采用一些非常用的线型表现技法来丰富效果图的视觉效果。效果图表现的艺术性亦是衡量设计师综合能力的重要指标，在此方面力求突破，一方面能使学生产生豁然开朗的学习感受；另一方面，也为其将效果图绘制由再现升华为表现打下坚实的基础。

良好的艺术修养会使学生在成长为设计师的过程中受益，并使学生在此过程中不断地激发自己主动尝试和更新、持续学习和调整的热情。另外，上述方法也能为学生今后驾驭不同工具材料、不同艺术风格并表现出效果图的艺术境界埋下一颗富有持续生命力的艺术种子。

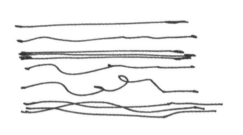

图7-12 常用的线型描绘 叶岸珺绘

图7-13 以常用线型描绘的不同调性效果图 张奇勇绘

图 7-14 以常用线型描绘的不同调性效果图 高冶绘

图 7-15 以常用线型描绘的不同调性效果图 亢星绘

1. 基本要求

以一种非常用的工具或线型来绘制表现效果图。

2. 作业一要求

（1）选定一幅图景，绘出 3—5 种以不同线型描绘的画面，通过真实图景与不同线型画面的对比，体会效果图表现的方法与内涵。

（2）用钢笔或铅笔表现（图 7-16— 图 7-18）。

（3）用 B5 复印纸绘制。

（4）指导教师：李蔚青。

（5）课程时长：4 周，48 学时。

图 7-16　自由曲线线型　叶岸珺绘

图 7-17　不同类型的点划组成的线型　叶岸珺绘

图 7-18　任何物件或现成品都可作为非常用线型的练习的表现工具　才布吉乐绘

3. 作业二要求

（1）基本要求同作业一。

（2）结合色调的变化，运用各种不同工具绘制线型，进行效果图的表现。

（3）选定一幅图景，绘出 5 种以上不同风格的线型效果图，可根据自己的喜好进行实验性的再创造（图 7-19—图 7-31）。

（4）用 B5 幅面复印纸绘图。

（5）指导教师：李蔚青。

（6）课程时长：4 周，48 学时。

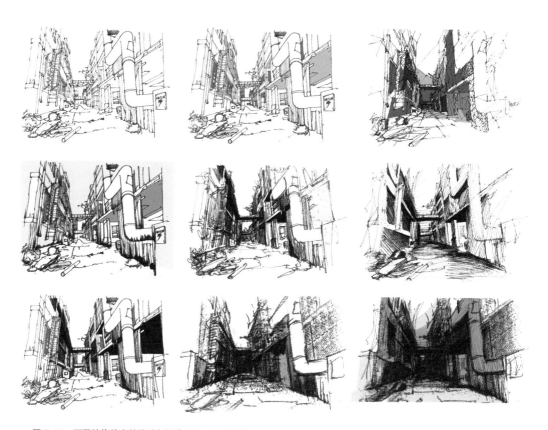

图 7-19　不同性格特点的线绘制的效果图　何雅杰绘

版画韵味的效果图表现

极简主义艺术风格的效果图表现

以不同粗细、长短、疏密的线型及线面组合绘制的效果图

图 7-20　非常用线型绘制的不同艺术表现风格的效果图　陈浩洋绘

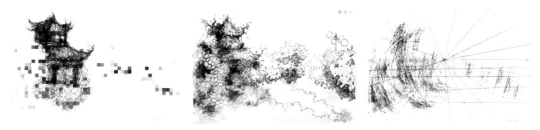

图 7-21　运用电脑滤镜制作的抽象表现主义风格效果图　陈冠傲绘

高短调 高中调 高长调

中短调 中中调 中长调

低短调 低中调 低长调

九种不同的色调

现代绘画审美趣味的效果图表现

自制工具绘制的效果图

以不同疏密的直、曲线表现的效果图

图 7-22 非常用线型绘制的不同艺术表现风格的效果图 柏雪梦绘

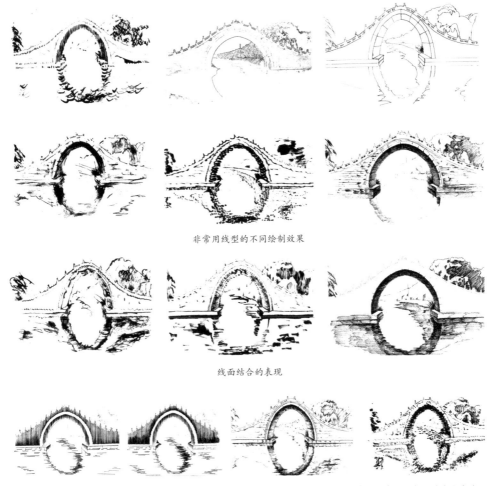

非常用线型的不同绘制效果

线面结合的表现

装饰图案韵味的表现效果　　　以不同粗细、长短、疏密的线型及线面组合绘制的效果图

图 7-23　非常用线型绘制的不同艺术表现风格的效果图　段昭远绘

版画韵味的效果图表现

自制工具绘制的效果图　　　　　　　　　　不同疏密的自由曲线绘制的效果图

图 7-24　非常用线型绘制的不同艺术表现风格的效果图　邓灏璇绘

图 7-25　非常用线型绘制的不同艺术表现风格的效果图　陈冠傲绘

非常用线型绘制的不同艺术表现风格的效果图

不同粗细、长短、疏密的线型组合绘制的效果图

现代绘画审美趣味的效果图表现

图 7-26　非常用线型绘制的不同艺术表现风格的效果图　陈泳梁绘

图 7-27 非常用线型绘制的不同艺术表现风格的效果图 郝程琳绘

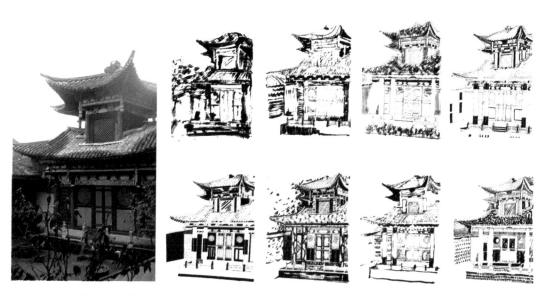

图 7-28 版画风格的效果图表现及不同粗细、长短的线型组合绘制的效果图 顾绍娟绘

各种非常规线型的表现效果

以电波或音符乐谱为灵感绘制的效果图

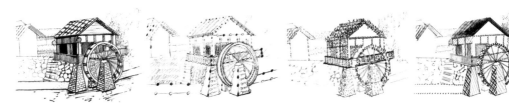

不同粗细、长短、疏密的线型及线面组合绘制的效果图

图 7-29 非常用线型绘制的不同艺术表现风格的效果图 郭乐茵绘

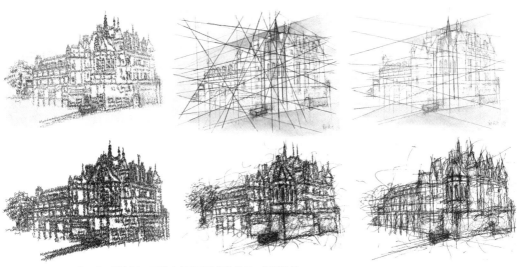

图 7-30 非常用线型绘制的不同艺术表现风格的效果图 郭民浩绘

自制工具或非常用工具绘制的效果图

非常规的各种线型的表现效果

自制工具绘制的效果图

现代绘画风格的不同表现效果

图 7-31　非常用线型绘制的不同艺术表现风格的效果图　郝程琳绘

三、非常规性描绘练习之三

1.模板法

模板法是指将图样描摹于有一定厚度的卡纸上，再用工具刀沿其边缘做镂空式的裁切，形成图样外形的虚像。以此作为模板，在虚像处进行试验性描绘，探索画面可能产生的不同效果（图7-32）。

模板法的具体步骤为：第一步，将原图的内容镂空裁切制成模板。第二步，将模板置于绘图纸面上。第三步，运用彩色水笔、彩色铅笔及其他绘图工具在模板上绘制出不同方向、不同粗细的线条，然后移开模板，观察图面呈现的效果。另外，使用模板法绘制前，还需确定工具、材料及尺寸（图7-33—图7-35）。

2.减笔法

绘画多以参照物为基础，并通过在一定的介质上不断做加法来完成，即在空白的媒介上不断加入线条或色彩，从而完整地表现参照物的全部内容。而所谓的减笔画法，则反其道而行之。首先，需要根据表现对象的走向，以排列性的线条对其进

 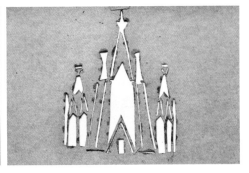

图7-32　原图样与其虚像模板　高冶绘

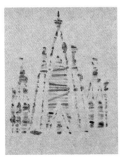   

图7-33　模板法绘制的套色木版画风格效果图　高冶绘

图 7-34　模板法绘制的印象派绘画风格效果图　高冶绘

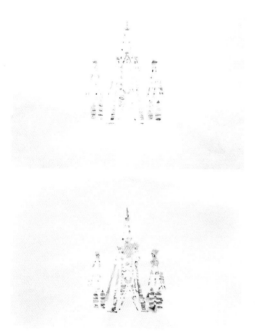

图 7-35　模板法绘制的具有梦幻意境的效果图　高冶绘

行绘制，完成初稿，也就是第一稿（图 7-36），至此仍是在做加法。接下来，就要在第一稿的基础上做减法，重新绘制一张内容少于第一稿的更简洁的效果图，画面可以留白。至于如何减、减哪一部分，则由绘制者自己决定，而后观察和比较该画面与第一稿的不同（图 7-37）。还可尝试仅用单线描绘出第一稿中景物的外形，中心内容的表现尽量简化（图 7-38）。另外，减笔画法还可结合块面表现法使用。同

图 7-36　以几何性线条排列绘制出的第一稿　高冶绘

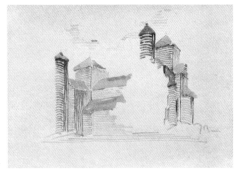

图 7-37　在第一稿的基础上做减法　高冶绘

图 7-38　仅用单线描绘第一稿中景物的外形的效果　高冶绘

图 7-39　块面画法的绘制效果　高冶绘

样是以第一稿为基础，只不过是采用以块面为主的表现手法进行绘制，注意仅表现出画面的主要部分即可（图 7-39）。

　　3. 综合表现法

　　拼接拓印法是效果图综合表现法中的一种，即结合个人兴趣，将现成印刷品进行组合拓印，形成的图像作为图底，而后在其上绘出所要表现内容。此类手法构思新颖、视觉冲击力强，体现出强烈的现代审美意识（图 7-40）。

图 7-40 采用综合技法绘制的效果图 陈泳梁绘

4. 块面表现法

这是利用炭笔墨色浓烈的特点，以块面渲染及慢过渡的手法表现与众不同意境的美（图 7-41）。

5. 自由线式表现法

利用不同的工具或任意而取的物件进行富有激情的效果图表现，可能会得到具有特殊意味的效果。如以黑色的乱线与其中不间断的空白结合进行画面表现，可以彰显出既透气又深沉的力度美。这种乱中有序、序中求变且激情洋溢的表现手法，可以使效果图整体流露出独特的艺术气质和表现力（图 7-42）。

以上不同工具及不同线型的非常规性的描绘训练，可以使学生进行效果图表现的思路更加多元化。此类训练可以避免由于使用同类工具而导致的效果图"千人一面"的状况，并且有助于学生对现代主义艺术运动中的各种表现风格建立起更为清晰的认识。任何艺术表现风格的形

图 7-41 块面表现法绘制的效果图 才布吉乐绘（左图）、段昭远绘（右图）

成均需要经历一定的过程，在进行上述多元化风格的探索和练习时，不必追求画面的完整性，更不必追求完美。在这里，我们仅希望为学生的效果图学习打开一扇新的大门（图 7-43—图 7-46）。

图 7-42　狂而不乱的线条表现　孔令晨绘　　　　　图 7-43　多种技法混合的表现效果　何梓璇绘

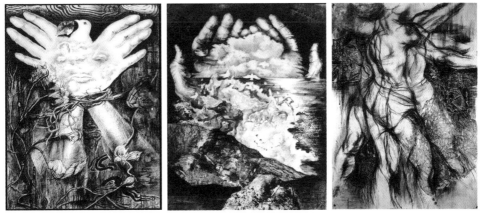

图 7-44　通过整体画面中的明暗调子对比表现出虚幻的空间效果，属典型的低调画法。　邹喆绘

图 7-45　具有印象派及点彩派用笔风格的效果图表现　陈冠傲绘（左图）、陈煌源绘（右图）

图 7-46　具有铜版画用笔风格的效果图表现　陈冠傲绘（左图）、江镇绘（右图）

四、非常规性描绘练习之四

1. 计算机辅助描绘法

练习一：手绘单幅训练

第一步：任选一幅手绘效果图原图（图 7-47）。

图 7-47　手绘效果图原图　何雅杰绘

第二步：运用一些计算机绘图软件中的命令对手绘效果图进行特殊效果处理（图7-48）。

第三步：将处理后的效果图打印出若干张，进行着色练习（图4-49）。

图 7-48　经计算机绘图软件处理后的效果图　李慧丰绘

图 7-49　效果图着色练习　叶岸珺绘

图 7-50　手绘效果图原图　陈浩洋绘

图 7-51　图 7-50 经计算机绘图软件处理后的效果　李慧丰改绘

图 7-52　图 7-51 经深度创作和修改后呈现出的另一种风格和意境　李慧丰改绘

图 7-53　Phofoshop 软件中的滤镜工具结合手绘等表现手法对图 7-52 进行处理得到的效果之一　柴丽敏改绘

图 7-54　Phofoshop 软件中的滤镜工具结合手绘等表现手法对图 7-52 进行处理得到的效果之二　柴丽敏改绘

图 7-55　Phofoshop 软件中的滤镜工具结合手绘等表现手法对图 7-52 进行处理得到的效果之三　吴培兰改绘

图 7-56 手绘效果图原图 汪峥绘

图 7-57 图 7-56 经计算机绘图软件处理后的效果 汪峥绘

图 7-58 对图 7-56 进行再次创作和修改后得到的效果 李慧丰改绘

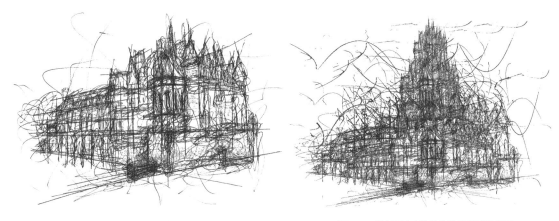

图 7-59　手绘效果图原图　郭浩民绘

图 7-60　对图 7-59 进行再次创作和修改后得到的效果
李慧丰改绘

图 7-61　手绘效果图原图　叶岸珺绘

图 7-62　利用计算机绘图软件对图 7-61 进行重新绘制后得到的效果之一　叶岸珺绘

图 7-63　利用计算机绘图软件对图 7-61 进行重新绘制后得到的效果之二　叶岸珺绘

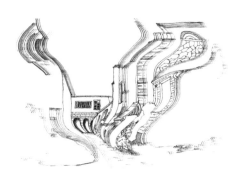

图 7-64　利用计算机绘图软件对图 7-61 进行重新绘制后得到的效果之三　叶岸珺绘

图 7-65　利用计算机绘图软件对图 7-61 进行重新绘制后得到的效果之四　叶岸珺绘

图 7-66　教师对学生作品进行修改后完成的示范效果图之一　李慧丰改绘

图 7-67　教师对学生作品进行修改后完成的示范效果图之二　李慧丰改绘

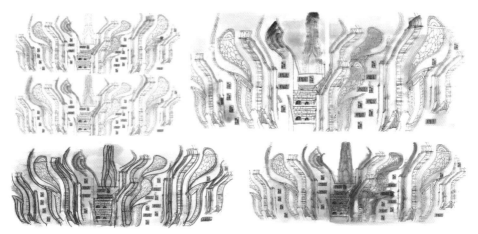

图 7-68　将图 7-66 打印出若干张，在其上进行着色练习　叶岸珺绘

图 7-69　Phofoshop 软件中的滤镜工具结合手绘等表现手法对图 7-67 进行处理得到的效果之一　柴丽敏绘

图 7-70　Phofoshop 软件中的滤镜工具结合手绘等表现手法对图 7-67 进行处理得到的效果之二　吴培兰绘

图 7-71　运用计算机软件中的不同辅助功能对效果图进行上色练习　叶岸珺绘

图 7-72　手绘效果图原图　陈楠绘

图 7-73　对图 7-72 进行再创作和修改后得到的效果　李慧丰改绘

图 7-74　手绘效果图原图　汪铮绘

图 7-75 图 7-74 经计算机软件辅助绘制后得到的效果 汪铮绘

图 7-76 对图 7-74 进行再创作和修改后得到的效果 李慧丰改绘

2. 手绘多幅叠加训练

多幅叠加训练法，即任选两幅或两幅以上已绘制完成的效果图，并将其某些局部以叠加的方式进行绘图。绘制时可以利用计算机绘图软件辅助表现，如通过Phofoshop 软件中的移动、拼贴、缩放、明暗调整等简单的绘图命令，绘制出若干不同的图式。多幅叠加的效果图绘制训练可以使不同的画面内容，甚至是无任何关联的表现图或其局部建立起新的关联。同时，这样的绘制过程会促使绘图者重新思考比例、透视、重复、韵律、节奏等因素的变化与"重组"画面之间的关系，创建或探寻画面视觉效果的各种可能，锻炼学生灵活学习、灵活应用的能力，促使其形成动态的思维方式（图 7-77—图 7-92）。

本节涉及的各种效果图表现方法能够使画面产生不同的表现力，在视觉变化、空间效果、画面意境等诸方面呈现出更加丰富的面貌。需要说明的是，任何技法或工具都是为表现画面效果服务的。一方面要熟练掌握常用的表现工具，并拥有客观描绘对象的基础能力；另一方面也要认识到，任何审美标准均存在时代的局限性。学生在拥有基础表现能力的同时，应利用不同媒介，在不同领域进行大胆的艺术表现技法尝试。在不同的尝试中，学生会逐渐将各种表现技法融会贯通，并最终为我所用、为我能用、为我活用。此时，基础性的、实验性的知识储备，好奇心引发的

图 7-77 选取两幅手绘效果图 贾师嘉绘

想象力，以及批判性的思维共同构成了具有前瞻性的学习条件，其目的是使学生描绘出有着新的符合时代审美需求的极富艺术性的效果图作品，这也是本节教学内容的核心。

图 7-78　图 7-77 的两幅原图经计算机软件辅助绘制出的效果图一　李慧丰改绘

图 7-79　图 7-77 的两幅原图经计算机软件辅助绘制出的效果图二　汪峥改绘

图 7-80　教师对图 7-79 进行示
范、修改后完成的效果图　李慧
丰改绘

图 7-81　选取三幅手绘效果图　汪峥绘（左图）、贾师嘉绘（中图、右图）

图 7-82　图 7-81 的三幅原图经计算机软件辅助绘制
出的效果图　汪峥绘

图 7-83　教师对图 7-82 进行示范、修改后完成的效
果图　李慧丰改绘

图 7-84　选取三幅手绘效果图　孔令晨绘（左图）、黄颐鹏绘（中图）、才布吉乐绘（右图）

图 7-85　图 7-84 的三幅原图经计算机软件辅助绘制出的效果图　李蔚青改绘

图 7-86　对图 7-85 进行着色练习　叶岸珺绘

图 7-87　选取三幅手绘效果图　张奇勇绘

图 7-88　图 7-87 的三幅
原图经计算机软件辅助绘
制出的效果图　陈奕心绘

图 7-89　学生作业中任选若干张效果图　李慧丰改绘

图 7-90　运用计算机绘图软件对图 7-89 中的单幅画面进行辅助绘制后得到的效果图　李慧丰改绘

图 7-91　对图 7-90 进行手绘上色后，使用 Photoshop 软件中的滤镜功能对其做进一步处理所得到的效果图　柴丽敏绘

图 7-92　手绘上色结合 Photoshop 软件中的滤镜功能表现的效果图　柴丽敏改绘（左图）、吴培兰改绘（右图）

效果图绘制与四维空间表现

第一节　效果图的内涵与外延

效果图，是由设计师头脑中抽象的概念转换而成的具象图像，是为了预见设计方案的未来效果而绘制的专业图纸。改革开放后，房地产行业迅速兴起，效果图绘制多用于与其相关的建筑、景观或室内设计的项目中。这一方面使效果图这一概念得到了普及；另一方面，也使人们对其认识在一定程度上被固化。每当提及效果图时，人们的普遍反应是与建筑设计、室内设计或景观设计行业相关的设计图纸。这种趋同性的认知，也普遍存在于艺术设计的专业领域中。为此，本章拟从新时代、新技术的视角阐明效果图绘制的内涵及由此引发的其外延的变化，目的是开拓学习者的视野，提醒其关注时代变革及新技术在引领、丰富和拓宽效果图的内涵及外延方面的作用。

一、效果图绘制工具与媒材的变化

传统意义上的效果图绘制通常运用的是不同功能的实物类工具，属硬件工具的范畴。当计算机技术为图形与图像的处理带来了一场深刻的革命之后，如今的效果图绘制通常运用的是各类功能强大的计算机软件。

传统的手绘效果图通常是在二维空间的纸张上绘制出具有一定透视效果的三维空间，而使用计算机软件绘制的效果图则具有了第四维空间——时间。屏幕的虚拟空间中呈现的效果图，不仅能轻松实现不同角度、不同视野的画面转换，而且其时间性的意义也更加完整地表现着空间及场景设计的意图。效果图的时间性体现为：人们可以在虚拟的四维空间中看到项目从设计、始建直至最后落成的全部过程。第四维空间中呈现出的一定时间的展演过程，一方面是设计师整体设计理念的传达；另一方面，受托方或消费者也能由此获悉项目完整的动态信息。四维空间画面与音效和情景描述相配合的展示方式，彰显了多媒体时代设计行业的新发展，同时也向设计师提出了新的挑战。与此同时，这种具有四维空间效果的表现与展示方式也延伸至了动画、电影等与新媒体技术高度结合的创作领域。由此，在今天的多媒体时代，伴随着计算机技术和软件技术的发展，诞生了一种动态影像的专业绘制课程，它集合了计算机的大数据运算、数字投影、现代光学及音效等诸多方面的先进技术，是新的多媒体技术与艺术结合的产物（图 8-1—图 8-3）。

图 8-1　单帧动画效果图　美国 SACD 艺术与设计学院学生作品　李蔚青摄

图 8-2　多帧动画效果图　美国 SACD 艺术与设计学院学生作品　李蔚青摄

图 8-3　美国 SCAD 艺术与设计学院的三维虚拟空间影像设计课程教学　李蔚青摄

就效果图表现技法而言，向下衔接的是绘画艺术创作所必需的基础造型，它使效果图的应用从传统的与房地产相关的行业中继续扩展，向上延伸则能结合剧场艺术、舞台美术、计算机编程、声光电特效等新的专业技术，两方面的共同作用使效果图跨入了四维空间表现的新阶段，这是通过将技术与艺术融合而探索出的一种新的表现形式。北京和雅典的奥运会开幕式演出中就大量地运用了这种表现形式，将艺术与科技结合的综合性影像作为现代的、动态的艺术语言进行创作。此类方法创作的作品既可成为博物馆陈列的艺术品，也可转化为具有高度商业价值的商品。今天，效果图除了是建筑、空间环境等设计中常见的表现手法外，其概念理应还包含上述全部的内容（图8-4—图8-6）。

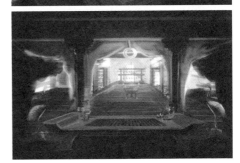

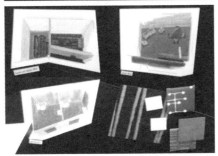

图 8-4 场景效果图及材料选择 美国 SACD 艺术与设计学院学生作品 李蔚青摄

图 8-5 根据不同剧情绘制的多帧式场景效果图（静态）李慧丰绘

图 8-6　根据效果图搭建的真实
场景（动态）　李慧丰摄

　　对上述内容的掌握要基于对手绘基础与计算机图形图像处理软件之间关系的正确理解。在日新月异的科技进步下，手绘水平的高低、艺术修养的深浅应是影响效果图创作的重要因素，因为任何设备和技术都是由人来操作的。前面若干章节所阐述的手绘技法是表现任何艺术形式的前提，是永远不会过时的。它培养了学生对造型艺术的操控能力，其涉及的有关比例、构图、透视、节奏等的训练方法是他者无法替代的，是设计师提升自身艺术修养及审美素养的有效手段。这些直接决定了设计师使用计算机软件进行绘图的水准，所以，基础性的手绘训练是初学者不可或缺的学习内容，也是其成为真正独立的设计师的前提条件。

　　尽管如此，在科技飞速发展的现代社会，设计师仅仅依赖手绘的表现方式是无法进行高效率工作的。并且，在动态的四维空间的视听效果展示，以及与大数据、声光电技术、电脑程序控制等结合的未来智能化空间设计方面，我们若未能做好科学、有效的"链接"工作，终将面临被社会淘汰的危险（图 8-7—图 8-10）。

　　四维空间效果图的绘制训练或展演，其前期工作与传统效果图的绘制有共通之处，本节的学习内容主要是为效果图绘制后期的展演方式等方面做一定的延续和补充，并拓展学习者对效果图内涵和外延的理解。

　　综上所述，在效果图的学习中，应对其传统概念与创新方式进行全面理解，不能采取厚此薄彼或彼此割裂的态度，应具有多方面兼顾的学习意识。在此，须加以说明的是：由于影视这一艺术表现形式在整体的现代视听领域中涉及的内容最广、技术最高深、成果最复杂并且对各方面的要求相对较高，本章将重点以电

图 8-7 模型制作及其与声光电技术的结合 李慧丰摄

图 8-8 结合声光电等技术模拟四维空间的场景模型 李慧丰摄

图 8-9 根据剧情绘制的场景效果图（静态） 李慧丰绘

图 8-10 根据效果图所建的真实场景（动态） 李慧丰摄

影这一四维空间的展演形式来说明效果图绘制内容的宽泛性，以达到拓展学习者视野和观念的目的。其实，效果图的绘制同样涉及动漫、互动设计、多媒体等现代视听领域。

第二节　效果图绘制在四维空间表现中的应用

文学创作的魅力之一是激发读者的想象，使读者将平面的文字信息在脑海中形成具有空间感的艺术形象。如果文学艺术属"一度创作"，那么，表演艺术则是"二度创作"。换言之，文学性的剧本是表演创作的基础和蓝本，导演和演员通过分析剧本，寻找创作素材和人物感觉，所以，表演艺术是造型艺术中和想象关系较为紧密的一种艺术形式。

表演艺术作品的创作既包括独立个体的艺术联想，也是创作团队的共同作品，每一个演员对角色都会有不同的认识，对同一个文学形象会产生不同的解读，创作团队的各个部门对剧本的认知和理解也不尽相同。此时，须依靠一种直观的、形象的表现媒介准确地将所要呈现的艺术效果及精神传递给创作部门，以修正各创作主体对作品的理解。对表演艺术创作来说，分镜头剧本、场景绘制、定妆照等效果图是常见的辅助表现手段，也是将创作理念进行直观呈现的一种表达方式。例如，导演组在挑选演员的前期准备工作中，往往会在一面甚至几面黑板上写上剧中主要角色的名字，并且粘贴上几位候选演员的相关照片以供筛选。在选择过程中，通常还会要求演员穿好剧中人物的服装，做好人物造型，并依据角色的性格调整动作，拍摄一组定妆照。定妆照片会替代备选照片贴在导演组的照片板上。当所有角色的定妆照都拍摄好后，就可以直观地看到演员所扮演角色的整体面貌和造型基调。与此同时，美术部门会根据导演的要求绘制人物造型设计图和场景效果图，一些具有美术功底的导演甚至会自己绘制分镜头剧本。作为文学作品的演绎者，导演需要将其丰富的想象和对作品的感受注入剧中的角色，并运用电影语言或戏剧语言将其转化成鲜活的人物形象，这是对文字进行艺术的变形和解读，是影视艺术和舞台艺术将文字艺术转化为造型艺术的过程，也是主创人员进行艺术创作的构思基础和设计蓝图，是创作的基调和依据。

　　通常，分镜头剧本会将作品的完整内容按一定的逻辑分成若干段，并配以文字和编号加以说明。画面中一般用简单的线条和颜色搭配来重点描述场景的气氛、人物的位置关系、形体的动作、景别和机位以及演员的表情等相关信息。其形式与分格漫画或小人书类似，目的是用最直观的效果图形式将画面内容传递给创作者，以直接体现导演的整体构思（图8-11、图8-12）。

图8-11　以编号说明的剧本分镜头效果图一（部分）　美国SCAD艺术与设计学院学生作品　李思颖摄

图8-12　以编号说明的剧本分镜头效果图二（部分）　美国SCAD艺术与设计学院学生作品　李思颖摄

　　服装道具和空间场景方面往往也绘有相应的效果图，供创作人员理解和使用。常见的便是服装造型效果图（图 8-13、图 8-14），其在颜色、面料、款式等的设计上往往会呈现出几种不同的方案。此时的设计效果图并不是随意而为，而是根据剧情以及人物的身份、地位和性格特点绘制的，有时甚至还需要制作出人物模型（图 8-15）。

图 8-13　与剧情相吻合的人物造型效果图（部分）　美国 SCAD 艺术与设计学院学生作品　李思颖摄

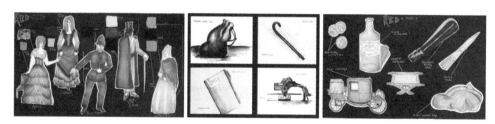

图 8-14　人物造型及道具设计效果图　美国 SCAD 艺术与设计学院学生作品　李思颖摄

图 8-15　根据效果图、人物模型化妆定型后的演员真实造型　美国 SCAD 艺术与设计学院学生作品　李蔚青摄

在影视和戏剧作品的创作中，效果图除了平面的展示方式外，必要时还要搭建出舞台的场景模型，以供演员和导演设定外部行动轨迹并进行舞台调度。置景的基本构思、道具的摆放和景物的空间关系均要在模型当中体现出来。这一方面可以帮助创作者对场景设计中不合适的地方进行直观有效的调整；另一方面，还能使演员的舞台调度、道具的移动、场的切换及灯光的设计都有据可依。这种具象化的模型设计有助于演员与导演有的放矢地进行研究，讨论场景内人物的行动与表演的关系。此外，戏剧创作还须绘制灯光设计与音响设计效果图、舞台道具移动及舞台装置机械效果图等，其目的是力求艺术创作各个部门的行动高度协调统一，通过一个更直观、更形象、更准确的媒介来了解他们所要完成的艺术创作工作（图 8-16）。

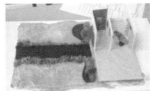

图 8-16　根据效果图搭建的舞台场景模型　美国 SCAD 艺术与设计学院学生作品　李思颖摄

纵览戏剧的发展与演变进程不难发现，图像与戏剧、视觉与表演、美术与电影有着千丝万缕的联系。古人曾将戏剧活动的内容和形式用雕刻的方式记录在岩壁上。古代中国人用笔墨将戏曲人物造型绘于各种媒介上，古代欧洲人将《圣经》中的故事描绘在教堂的拱顶上，古希腊人将神像雕刻在石头上……这些迹象表明，人类在从事艺术活动时更倾向于将心目中的画面通过某种表现手段进行最大程度的外化，让观者通过视觉性的描绘来感受并了解创作者的思想。

表演艺术三位一体的特征决定了创作者同时也是创作工具和创作成果。演员通过自己的躯体创造艺术形象时，需要借助图像手段和视觉引导方式来更快、更准确地进入角色。剧本是创作的依据，乃一剧之本。正如前面所说，演员对角色的创作是二度创作，是通过研读剧本，产生对人物的总体感受，而这种感受往往是随着演员排练进程的推进和对角色的全面理解才逐渐从模糊变清晰的。在一般创作中，演员往往会经历一个从自我审视角色到相互讨论角色的过程，其目的就是将其对人物的理解和感受具象化，因此，该过程也是角色形象从模糊变得清晰的过程。此时，角色形象还是演员脑海里面的抽象影像，这种抽象的影像是演员的创作经验和合理想象相结合的产物，可以引导演员走向角色的世界。但存在于脑海里的影像并不足以让演员通过言语向他人描述自己对角色的理解，这时就需要用一种视觉图像语言——效果图来作为沟通的手段。效果图可以让演员与其他职能部门更加明确各自的工作目标，从而创作出具有强烈感染力的电影。

戏剧演员除按照自己内心预设的人物形象进行创作外，也需要外部图像来引导和激发创作潜能。因此，导演与美术部门提供的人物设计图、服装造型图、空间场景设计图等一系列视觉图像可在一定程度上帮助演员寻找抽象影像与角色要求之间的差异，从而辅助演员的创作，促使演员精准地把握作品的整体要求与构思并展现其艺术思想。前期沟通用的场景效果图和服装道具效果图对作品的时代环境和空间布局起到了预览的作用，有助于演员在具体创作过程中建立信念和真实感，其营造的艺术氛围和假定情境能有效地拉近演员和角色之间的距离。效果图通过视觉感官所营造的感觉记忆烙印在创作者心里，这种映像会渗透到演员的潜意识中，潜移默化地影响演员的创作感觉，犹如无形的线牵引着演员进行创造，这是导演希望产生的效果。

影视作品最终呈现的画面其实是各部门创作的结晶，其重要的组成因素是角色与场景。在作品的前期创作阶段，美术部门和导演是创作的主体。大量的分镜头和分场次图须在电影拍摄前期完成，其形式包括手绘平面图和电脑三维动态图等。其中，重点场景的效果图须充分描绘出画面的整体构图结构、色彩基调和故事氛围，分镜头设计则须按镜头的拼接顺序详尽地表现出角色的景别、位置关系以及关键的动作、语言表情和情绪。这些或平面或立体的效果图的绘制具有同一个目的，即让参演者和各职能部门都能了解拍摄要求，并准确地把握导演需要的镜头语言和表演风格。导演将全部的创作意图、艺术构思和独特的个人风格倾注在分镜头剧本中，以此来传情达意，辅助银幕形象的塑造。因此，分镜头剧本也是摄制组统一创作思想并有计划地开展工作的主要依据和保障。对演员而言，直观生动的图形、细致分割的镜头画面也准确地向他们传达出了作品最终想要表现的内容。这不仅便于演员合理组织表演，精确规划动作，还能够帮助他们从一个相对客观的视角审视一场戏或者一个镜头的诉求，最终从整体上把握和调整自身的表演。生动形象的效果图画面带来的视觉感官刺激更容易激发演员的创作欲望和创作感受，也有助于演员熟悉剧中角色。对电影作品的制作与生产而言，效果图和分镜头剧本的价值在于准确把握创作要求，避免拍摄现场大量临时修改和调整，减少反复拍摄的次数，这对于生产成本高昂的电影来说是非常有必要的。

在电影艺术中，以分镜头剧本、场景图、场次图来辅助电影的制作和拍摄，能有效地帮助演员准确掌握导演意图。在戏剧表演中，人物造型和空间场景设计等效果图的介入也有助于激发演员的创作灵感，修正和调整演员的创作方向。

通过效果图的设计来辅助表演创作，是造型艺术与影像艺术结合最具说服力的代表。较之剧本而言，图像和图形的画面效果更加具体直观；前者所言的事件、人物、场景仅是在平面中活动，而图形图像的画面效果表达则可以使之"转动起来"，从而形成立体、丰满的，时而宏观全面，时而又逼真细腻的空间形象。

总之，想象力和表现力是艺术创作的重要因素，而效果图表现是将创作者想象中的抽象形象转化为具象的实体的过程。在建筑设计、景观设计等创作领域，创作者都是通过运用这种方式将艺术构思准确地传递给各职能部门，从而最终完成全面的、真实的艺术表现。

B 参考书目

Bibliography

[1] 钱锺书 . 管锥篇 [M] . 北京：中华书局，1979

[2] 王受之 . 世界现代设计史 [M] . 北京：中国青年出版社，2002

[3] 常锐伦 . 绘画构图学 [M] . 北京：人民美术出版社，2008

[4] [美] 威廉·科拜·劳卡德，设计手绘——理论与技法 [M] . 大连：大连理工大学出版社，2014

[5] 贾东 . 徒手线条表达 [M] . 北京：中国建筑工业出版社，2013

[6] 姜龙 . 环境艺术设计手绘表现 [M] . 北京：北京大学出版社，2011

[7] 靳克群 . 室内设计透视图画法 [M] . 天津：天津大学出版社，2003

[8] 田原 . 室内效果图表现技法 [M] . 北京：中国建筑工业出版社，2006

[9] 李春郁编 . 环境艺术设计手绘表现技法 [M] . 北京：中国水利水电出版社，2007

[10] 夏克梁 . 建筑钢笔画：夏克梁建筑写生体验 [M] . 沈阳：辽宁美术出版社，2009

[11] 耿庆雷 . 建筑钢笔速写技法 [M] . 上海：东华大学出版社，2011

[12] 奚思聪、汤桂芳编 . 室内设计手绘效果图表现技法 [M] . 北京：兵器工业出版社，2012

[13] 谭平安、袁旦、罗选文编 . 设计手绘快速表现 [M] . 武汉：华中科技大学出版社，2013

[14] 薛永年、罗世平 . 中国美术简史 [M] . 北京：中国青年出版社，2002

[15] 邵大箴 . 外国美术简史 [M] . 北京：中国青年出版社，2014

P 后记
eroration

　　环境效果图表现技法是伴随经济及城市建设的发展而产生的围绕环境、建筑及其辅助设施进行的预设性的、预见性的、解决各类问题的综合设计方案，是与人民群众生活密切相关且对建立和谐的社会空间起重要补充作用的艺术方法。本书从环境艺术设计服务所具有的实用性出发，在课程设计方面，既有再现性、客观性的描述和逻辑严谨甚至刻板的传统教学内容，又有反传统的主观描述以及与当代科技进步紧密结合的教学理念，其目的是唤醒学习者的主观能动性和学习意识。

　　改革开放初期是效果图表现技法的萌芽和成长期。后由于计算机技术的迅猛发展，手绘表现方式曾一度遭到冷遇，但伴随着社会认知层次的普遍提升，手绘效果图又重新受到重视，并在今天的应用和实践领域占有重要位置。并且，随着社会分工的细化，手绘效果图表现所具有的人文性和艺术性越来越凸显出来。由此，严谨而有个性的手绘表现势必会成为衡量设计师综合艺术修养及创作能力的重要指标。

　　本书在案例选编方面，秉持使传统融入现代，并从现代预见未来的教学理念，即在培养学习者兴趣及锻炼其能力方面多以传统教学述之，在培养其个性、艺术品位及多元表现手法方面则多以鼓励为主。希冀本书能成为纠缠或迷茫于"电脑"或"手绘"等表现方式之间的初学者的学习指南，成为青年设计师成长过程中的良师，并成为资深设计师的益友。

　　本教材由厦门大学艺术学院的李蔚青教授和广州美术学院的李慧丰副教授共同策划，并确定了教材编写的整体思路。第一章、第二章的第一节，第三章、第四章的第一节及第六章的第一、二节由嘉兴学院设计学院的王春娟老师编写，第二章的第二节及第六章的第六节由毕世波编写，第四章的第二至四节及第七章由厦门大学艺术学院的李蔚青编写，第五章由东华理工大学城乡规划系的曹幸老师编写，第六章的第三至五节由张奇勇编写，第八章第一节由广州美术学院的李慧丰副教授编写，第八章第二节由西安外国语大学艺术学院的李思颖、吴博老师编写。此外，本书遵循传、帮、带及老中青相组合的写作脉络，既包括了一线任课教师经典基础课程的实务性探讨，又选编了一些活跃在设计一线的设计师的佳作，力求使学习者通过对本教材的学习，能科学、完整地理解并掌握效果图的绘制技法及其在过去、现在、未来的不同意义。在此，感谢山西大同大学艺术学院杨雅茜老师、集美大学艺术学院邹喆老师及于诚毅学院的全体同学。还要感谢笔者担纲的厦门大学艺术学院2012级环艺班效果图课程的全体同学，2010级的研究生朱墨，2013级的毕世波、张奇勇，2015级的贺海燕、邓师瑶、汪峥，2016级的吴培兰、柴丽敏等同学提供的相关图例作品，尤其是2014级研究生叶岸珺，除提供作品外，还承担了数百张图片的拍摄和图像处理工作；毕世波同学及邹喆老师则对书稿进行了数十遍的修改，在文字处理和编纂工作上倾注了大量精力；此外，台湾大学景观园林所李可润博士、华中科技大学郭晓华博士、江苏大学韩迪同学、武汉理工大学胡颖及李成同学亦提供了部分案例作品。最后，感谢沙沛、孙继忠、施宏伟等中国著名的一线资深设计师和北京的林跃勤、广州的何飞生等青年设计才俊的无私帮助；对教研室热心的同事、朋友，在此也一并致谢！

　　总之，本教材凝结了从事多年艺术教育实践的多位专家的教学心得及研究成果，其必然存在一定的实验性、时效性和局限性，不足之处望得到更多同仁的点拨和批评。

丙申仲秋 厦门大学艺术学院李蔚青于"莫兰蒂"台风午后

"博雅大学堂·设计学专业规划教材"架构

为促进设计学科教学的繁荣和发展，北京大学出版社特邀请东南大学艺术学院凌继尧教授主编一套"博雅大学堂·设计学专业规划教材"，涵括基础/共同课、视觉传达设计、环境艺术设计、工业设计/产品设计、动漫设计/多媒体设计五个设计专业。每本书均邀请设计领域的一流专家、学者或有教学特色的中青年骨干教师撰写，深入浅出，注重实用性，并配有相关的教学课件，希望能借此推动设计教学的发展，方便相关院校老师的教学。

1. 基础/共同课系列

设计美学概论、设计概论、中国设计史、西方设计史、设计基础、设计速写、设计素描、设计色彩、设计思维、设计表达、设计管理、设计鉴赏、设计心理学

2. 视觉传达设计系列

平面设计概论、图形创意、摄影基础、字体设计、版式设计、图形设计、标志设计、VI设计、品牌设计、包装设计、广告设计、书籍装帧设计、招贴设计、手绘插图设计

3. 环境艺术设计系列

环境艺术设计概论、城市规划设计、景观设计、公共艺术设计、展示设计、室内设计、居室空间设计、商业空间设计、办公空间设计、照明设计、建筑设计初步、建筑设计、建筑图的表达与绘制、环境手绘图表现技法、环境效果图表现技法、装饰材料与构造、材料与施工、人体工程学

4. 工业设计/产品设计系列

工业设计概论、工业设计原理、工业设计史、工业设计工程学、工业设计制图、产品设计、产品设计创意表达、产品设计程序与方法、产品形态设计、产品模型制作、产品设计手绘表现技法、产品设计材料与工艺、用户体验设计、家具设计、人机工程学

5. 动漫设计/多媒体设计系列

动漫概论、二维动画基础、三维动画基础、动漫技法、动漫运动规律、动漫剧本创作、动漫动作设计、动漫造型设计、动漫场景设计、影视特效、影视后期合成、网页设计、信息设计、互动设计

《环境效果图表现技法》教学课件申请表

尊敬的老师，您好！

我们制作了与《环境效果图表现技法》配套使用的教学课件，以方便您的教学。在您确认将本书作为指定教材后，请您填好以下表格（可复印），并盖上系办公室的公章，回寄给我们，或者给我们的教师服务邮箱 907067241@ qq.com 写信，我们将向您发送电子版的申请表，填写完整后发送回教师服务邮箱，之后我们将免费向您提供该书的教学课件。我们愿以真诚的服务回报您对北京大学出版社的关心和支持！

您的姓名		您所在的院系	
您所讲授的课程名称			
每学期学生人数	_____ 人 _____ 年级 _____ 学时		
课程的类型（请在相应方框上画"✓"）	☐ 全校公选课　　☐ 院系专业必修课 ☐ 其他 _____		
您目前采用的教材	作者 _____　　书名 _____ 出版社 _____		
您准备何时采用此书授课			
您的联系地址和邮编			
您的电话（必填）			
E-mail（必填）			
目前主要教学专业			
科研方向（必填）			
您对本书的建议		系办公室 盖　章	

我们的联系方式：

北京市海淀区成府路 205 号北京大学文史哲事业部　艺术组
邮编：100871　电话：010—62755910　传真：010—62556201
教师服务邮箱：907067241@qq.com　QQ 群号：230698517
网址：http://www.pupbook.com